建筑业绿色发展与项目治理体系创新研究

—————— 肖绪文 吴 涛 贾宏俊 尤 完 著 ——————

中国建筑工业出版社

图书在版编目（CIP）数据

建筑业绿色发展与项目治理体系创新研究／肖绪文
等著 . —北京：中国建筑工业出版社，2022.6（2022.8 重印）
（新型建造方式与工程项目管理创新丛书；分册 1）
ISBN 978-7-112-27400-0

Ⅰ.① 建⋯ Ⅱ.① 肖⋯ Ⅲ.① 建筑工程－工程项目管
理－研究 Ⅳ.① TU712.1

中国版本图书馆 CIP 数据核字（2022）第 082507 号

　　　　　责任编辑：封　毅　周方圆
　　　　　责任校对：赵　菲

新型建造方式与工程项目管理创新丛书　分册 1
建筑业绿色发展与项目治理体系创新研究
肖绪文　吴　涛　贾宏俊　尤　完　著
*
中国建筑工业出版社出版、发行（北京海淀三里河路 9 号）
各地新华书店、建筑书店经销
北京建筑工业印刷厂制版
北京富诚彩色印刷有限公司印刷
*
开本：787 毫米 ×1092 毫米　1/16　印张：11　字数：200 千字
2022 年 6 月第一版　　2022 年 8 月第二次印刷
定价：**49.00** 元
ISBN 978-7-112-27400-0
　　（39125）

课题研究及丛书编写指导委员会

顾　问：毛如柏　第十届全国人大环境与资源保护委员会主任委员

　　　　孙永福　原铁道部常务副部长、中国工程院院士

主　任：张基尧　国务院原南水北调工程建设委员会办公室主任

　　　　孙丽丽　中国工程院院士、中国石化炼化工程集团董事长

副主任：叶金福　西北工业大学原党委书记

　　　　顾祥林　同济大学副校长、教授

　　　　王少鹏　山东科技大学副校长

　　　　刘锦章　中国建筑业协会副会长兼秘书长

委　员：校荣春　中国建筑第八工程局有限公司原董事长

　　　　田卫国　中国建筑第五工程局有限公司党委书记、董事长

　　　　张义光　陕西建工控股集团有限公司党委书记、董事长

　　　　王　宏　中建科工集团有限公司党委书记、董事长

　　　　王曙平　中国水利水电第十四工程局有限公司党委书记、董事长

　　　　张晋勋　北京城建集团有限公司副总经理

　　　　宫长义　中亿丰建设集团有限公司党委书记、董事长

　　　　韩　平　兴泰建设集团有限公司党委书记、董事长

　　　　高兴文　河南国基建设集团公司董事长

　　　　李兰贞　天一建设集团有限公司总裁

　　　　袁正刚　广联达科技股份有限公司总裁

　　　　韩爱生　新中大科技股份有限公司总裁

　　　　宋　蕊　瑞和安惠项目管理集团董事局主席

　　　　李玉林　陕西省工程质量监督站二级教授

周金虎　宏盛建业投资集团有限公司董事长

杜　锐　山西四建集团有限公司董事长

笪鸿鹄　江苏苏中建设集团董事长

葛汉明　华新建工集团有限公司副董事长

吕树宝　正方圆建设集团董事长

沈世祥　江苏江中集团有限公司总工程师

李云岱　兴润建设集团有限公司董事长

钱福培　西北工业大学教授

王守清　清华大学教授

成　虎　东南大学教授

王要武　哈尔滨工业大学教授

刘伊生　北京交通大学教授

丁荣贵　山东大学教授

肖建庄　同济大学教授

课题研究及丛书编写委员会

主　任：肖绪文　中国工程院院士、中国建筑集团首席专家

　　　　吴　涛　中国建筑业协会原副会长兼秘书长、山东科技大学特聘教授

副主任：贾宏俊　山东科技大学泰安校区副主任、教授

　　　　尤　完　中亚协建筑产业委员会副会长兼秘书长、中建协建筑业
　　　　　　　　高质量发展研究院副院长、北京建筑大学教授

　　　　白思俊　中国（双法）项目管理研究委员会副主任、西北工业大学教授

　　　　李永明　中国建筑第八工程局有限公司党委书记、董事长

委　员：赵正嘉　南京市住房城乡和建设委员会原副主任

徐　坤　中建科工集团有限公司总工程师

刘明生　陕西建工控股集团有限公司党委常委、董事

王海云　黑龙江建工集团公司顾问总工程师

王永锋　中国建筑第五工程局华南公司总经理

张宝海　中石化工程建设有限公司EPC项目总监

李国建　中亿丰建设集团有限公司总工程师

张党国　陕西建工集团创新港项目部总经理

苗林庆　北京城建建设工程有限公司党委书记、董事长

何　丹　宏盛建业投资集团公司总工程师

李继军　山西四建集团有限公司副总裁

陈　杰　天一建设集团有限公司副总工程师

钱　红　江苏苏中建设集团总工程师

蒋金生　浙江中天建设集团总工程师

安占法　河北建工集团总工程师

李　洪　重庆建工集团副总工程师

黄友保　安徽水安建设公司总经理

卢昱杰　同济大学土木工程学院教授

吴新华　山东科技大学工程造价研究所所长

课题研究与丛书编写委员会办公室

主　任：贾宏俊　尤　完

副主任：郭中华　李志国　邓　阳　李　琰

成　员：朱　彤　王丽丽　袁金铭　吴德全

丛书总序

2021年是中国共产党成立100周年，也是"十四五"期间全面建设社会主义现代化国家新征程开局之年。在这个具有重大历史意义的年份，我们又迎来了国务院五部委提出在建筑业学习推广鲁布革工程管理经验进行施工企业管理体制改革35周年。

为进一步总结、巩固、深化、提升中国建设工程项目管理改革、发展、创新的先进经验和做法，按照党和国家统筹推进"五位一体"总体布局，协调推进"四个全面"战略布局，全面实现中华民族伟大复兴"两个一百年"奋斗目标，加快建设工程项目管理资本化、信息化、集约化、标准化、规范化、国际化，促进新阶段建筑业高质量发展，以适应当今世界百年未有之大变局和国内国际双循环相互促进的新发展格局，积极践行"一带一路"建设，充分彰显建筑业在经济社会发展中的基础性作用和当代高科技、高质量、高动能的"中国建造"实力，努力开创我国建筑业无愧于历史和新时代新的辉煌业绩。由山东科技大学、中国亚洲经济发展协会建筑产业委员会、中国（双法）项目管理研究专家委员会发起，会同中国建筑第八工程局有限公司、中国建筑第五工程局有限公司、中建科工集团有限公司、陕西建工集团有限公司、北京城建建设工程有限公司、天一投资控股集团有限公司、河南国基建设集团有限公司、山西四建集团有限公司、广联达科技股份有限公司、瑞和安惠项目管理集团公司、苏中建设集团有限公司、江中建设集团有限公司等三十多家企业和西北工业大学、中国社科院大学、同济大学、北京建筑大学等数十所高校联合组织成立了《中国建设工程项目管理发展与治理体系创新研究》课题研究组和《新型建造方式与工程项目管理创新丛书》编写委员会，组织行业内权威专家学者进行该课题研究和撰写重大工程建造实践案例，以此有效引领建筑业绿色可持续发展和工程建设领域相关企业和不同项目管理模式的创新发展，着力推动新发展阶段建筑业转变发展方式与工程项目管理的优化升级，以实际行动和优秀成果庆祝中国共产党成立100周年。我有幸被邀请作为本课题研究指导委员会主任委员，很高兴和大家一起分享了课题研究过程，颇有一些感受和收获。该课题研究注重学习追踪和吸收国内外业内专家学者研究的先进理念和做法，归纳、总结我国重大工程建设的成功经验和国际工程的建设管理成果，坚持在研究中发现问题，在化解问题中深化研究，体现了课题团队深入思考、合作协力、用心研究的进取意识和奉献精神。课题研究内容既全面深入，又有理论与实践相结合，其实效性与指导性均十分显著。

一是坚持以习近平新时代中国特色社会主义思想为指导，准确把握新发展阶段这个战略机遇期，深入贯彻落实创新、协调、绿色、开放、共享的新发展理念，立足于构建以国内大循环为主题、国内国际双循环相互促进的经济发展势态和新发展格局，研究提出工程项目管理保持定力、与时俱进、理论凝练、引领发展的治理体系和创新模式。

二是围绕"中国建设工程项目管理创新发展与治理体系现代化建设"这个主题，传承历史、总结过去、立足当代、谋划未来。突出反映了党的十八大以来，我国建筑业及工程建设领域改革发展和践行"一带一路"国际工程建设中项目管理创新的新理论、新方法、新经验。重点总结提升、研究探讨项目治理体系现代化建设的新思路、新内涵、新特征、新架构。

三是回答面向"十四五"期间向第二个百年奋斗目标进军的第一个五年，建筑业如何应对当前纷繁复杂的国际形势、全球蔓延的新冠肺炎疫情带来的严峻挑战和激烈竞争的国内外建筑市场，抢抓新一轮科技革命和产业变革的重要战略机遇期，大力推进工程承包，深化项目管理模式创新，发展和运用装配式建筑、绿色建造、智能建造、数字建造等新型建造方式提升项目生产力水平，多方面、全方位推进和实现新阶段高质量绿色可持续发展。

四是在系统总结提炼推广鲁布革工程管理经验35年，特别是党的十八大以来，我国建设工程项目管理创新发展的宝贵经验基础上，从服务、引领、指导、实施等方面谋划基于国家治理体系现代化的大背景下"行业治理—企业治理—项目治理"多维度的治理现代化体系建设，为新发展阶段建设工程项目管理理论研究与实践应用创新及建筑业高质量发展提出了具有针对性、实用性、创造性、前瞻性的合理化建议。

本课题研究的主要内容已入选住房和城乡建设部2021年度重点软科学题库，并以撰写系列丛书出版发行的形式，从十多个方面诠释了课题全部内容。我认为，该研究成果有助于建筑业在全面建设社会主义现代化国家的新征程中立足新发展阶段，贯彻新发展理念，构建新发展格局，完善现代产业体系，进一步深化和创新工程项目管理理论研究和实践应用，实现供给侧结构性改革的质量变革、效率变革、动力变革，对新时代建筑业推进产业现代化、全面完成"十四五"规划各项任务，具有创新性、现实性的重大而深远的意义。

真诚希望该课题研究成果和系列丛书的撰写发行，能够为建筑业企业从事项目管理的工作者和相关企业的广大读者提供有益的借鉴与参考。

二〇二一年六月十二日

张基尧

中共第十七届中央候补委员，第十二届全国政协常委，人口资源环境委员会副主任
国务院原南水北调工程建设委员会办公室主任，党组书记（正部级）
曾担任鲁布革水电站和小浪底水利枢纽、南水北调等工程项目总指挥

丛书前言

改革开放40多年来，我国建筑业持续快速发展。1987年，国务院号召建筑业学习鲁布革工程管理经验，开启了建筑工程项目管理体制和运行机制的全方位变革，促进了建筑业总量规模的持续高速增长。尤其是党的十八大以来，在以习近平同志为核心的党中央坚强领导下，全国建设系统认真贯彻落实党中央"五位一体"总体布局和"四个全面"的战略布局，住房城乡建设事业蓬勃发展，建筑业发展成就斐然，对外开放度和综合实力明显提高，为完成投资建设任务和改善人民居住条件做出了巨大贡献。从建筑业大国开始走向建造强国。正如习近平总书记在2019年新年贺词中所赞许的那样：中国制造、中国创造、中国建造共同发力，继续改变着中国的面貌。

随着国家改革开放的不断深入，建筑业持续稳步发展，发展质量不断提升，呈现出新的发展特征：一是建筑业现代产业地位全面提升。2020年，建筑业总产值263 947.04亿元，建筑业增加值占国内生产总值的比重为7.18%。建筑业在保持国民经济支柱产业地位的同时，民生产业、基础产业的地位日益凸显，在改善和提高人民的居住条件生活水平以及推动其他相关产业的发展等方面发挥了巨大作用。二是建设工程建造能力大幅度提升。建筑业先后完成了一系列设计理念超前、结构造型复杂、科技含量高、质量要求严、施工难度大、令世界瞩目的高速铁路、巨型水电站、超长隧道、超大跨度桥梁等重大工程。目前在全球前10名超高层建筑中，由中国建筑企业承建的占70%。三是工程项目管理水平全面提升，以BIM技术为代表的信息化技术的应用日益普及，正在全面融入工程项目管理过程，施工现场互联网技术应用比率达到55%。四是新型建造方式的作用全面提升。装配式建造方式、绿色建造方式、智能建造方式以及工程总承包、全过程工程咨询等正在成为新型建造方式和工程建设组织实施的主流模式。

建筑业在取得举世瞩目的发展成绩的同时，依然还存在许多长期积累形成的疑难问题和薄弱环节，严重制约了建筑业的持续健康发展。一是建筑产业工人素质亟待提升。建筑施工现场操作工人队伍仍然是以进城务工人员为主体，管理难度加大，施工安全生产事故呈现高压态势。二是建筑市场治理仍需加大力度。建筑业虽然是最早从计划经济走向市场经济的领域，但离市场运行机制的规范化仍然相距甚远。挂靠、转包、串标、围标、压价等恶性竞争乱象难以根除，企业产值利润率走低的趋势日益明显。三是建设工程项目管理模式存在多元主体，各自为政，互相制约，工程实施主体责任不够明确，监督检查与工程实际脱节，严重阻碍了工程项目管理和工程总体质量协同发展提升。四是创新驱动发展动能不足。由于建筑业的发展长期依赖于固定资产投资的拉动，同时企业自身资金积累有限，因而导致科技创新能力不足。在新常态背景下，当经济发展动能从要素驱动、投资驱动转向创新驱动时，对于以劳动密集型为特征的建筑业而言，创新驱动发展更加充满挑战性，创新能力成为建筑业企业发展的短板。这些影响建筑业高质量发展的痼疾，必须要彻底加以革除。

目前，世界正面临着百年未有之大变局。在全球科技革命的推动下，科技创新、传播、应用的规模和速度不断提高，科学技术与传统产业和新兴产业发展的融合更加紧密，一系列重大科技成果以前所未有的速度转化为现实生产力。以信息技术、能源资源技术、生物技术、现代制造技术、人工智能技术等为代表的战略性新兴产业迅速兴起，现代科技新兴产业的深度融合，既代表着科技创新方向，也代表着产业发展方向，对未来经济社会发展具有重大引领带动作用。因此，在这个大趋势下，对于建筑业而言，唯有快速从规模增长阶段转向高质量发展阶段、从粗放型低效率的传统建筑业走向高质高效的现代建筑业，才能跟上新时代中国特色社会主义建设事业发展的步伐。

现代科学技术与传统建筑业的融合，极大地提高了建筑业的生产力水平，变革着建筑业的生产关系，形成了多种类型的新型建造方式。绿色建造方式、装配建造方式、智能建造方式、3D打印等是具有典型特征的新型建造方式，这些新型建造方式是建筑业高质量发展的必由路径，也必将有力推动建筑产业现代化的发展进程。同时还要看到，任何一种新型建造方式总是与一定形式的项目管理模式和项目治理体系相适应的。某种类型的新型建造方式的形成和成功实践，必然伴随着项目管理模式和项目治理体系的创新。例如，装配式建造方式是来源于施工工艺和技术的根本性变革而产生的新型建造方式，则在项目管理层面上，项目管理和项目治理的所有要素优化配置或知识集成融合都必须进行相应的变革、调整或创新，从而才能促使工程建设目标得以顺利实现。

随着现代工程项目日益大型化和复杂化，传统的项目管理理论在解决项目实施过程中的各种问题时显现出一些不足之处。1999年，Turner提出"项目治理"理论，把研究视角从项目管理技术层面转向管理制度层面。近年来，项目治理日益成为项目管理领域研究的热点。国外学者较早地对项目治理的含义、结构、机制及应用等问题进行了研究，取得了较多颇具价值的研究成果。国内外大多数学者认为，项目治理是一种组织制度框架，具有明确项目参与方关系与治理结构的管理制度、规则和协议，协调参与方之间的关系，优化配置项目资源，化解相互间的利益冲突，为项目实施提供制度支撑，以确保项目在整个生命周期内高效运行，以实现既定的管理战略和目标。项目治理是一个静态和动态相结合的过程：静态主要指制度层面的治理；动态主要指项目实施层面的治理。国内关于项目治理的研究正处于起步阶段，取得一些阶段性成果。归纳、总结、提炼已有的研究成果，对于新发展阶段建设工程领域项目治理理论研究和实践发展具有重要的现实意义。

党的十九届五中全会审议通过的《中共中央关于制定国民经济和社会发展第十四个五年规划和二〇三五年远景目标的建议》，着眼于第二个百年奋斗目标，规划了"十四五"乃至2035年间我国经济社会发展的目标、路径和主要政策措施，是指引全党、全国人民实现中华民族伟大复兴的行动指南。为了进一步认真贯彻落实党的十九届五中全会精神，准确把握新发展阶段，深入贯彻新发展理念，加快构建新发展格局，凝聚共识，团结一致，奋力拼搏，推动建筑业"十四五"高质量发展战略目标的实现，由山东科技大学、中国亚洲经济发展协会建筑产业委员会、中国（双法）项目管理研究专家委员会发起，会同中国建筑第八工程局有限公司、中国建筑第五工程局有限公司、中建科工集团有限公司、陕西建工集团有限公司、北京城建建设工程有限公司、天一投资控股集团有限公司、河南国基建设集团有限公司、山西四建集团有限公司、广联达科技股份有限公司、瑞和安惠项目管理集团公司、苏中建设集团有限公司、江中建设集团有限公司等二十多家企业和西北工业大学、中国社科院大学、同济大学、北京建筑大学等数十所高校联合组织成立了《中国建设工程项目管理发展与治理体系创新研究》课题，该课题研究的目的在于探讨在习近平新时代中国特色社会主义思想和党的十九大精神指引下，贯彻落实创新、协调、绿色、开放、共享的发展理念，揭示新时代工程项目管理和项目治理的新特征、新规律、新趋势，促进绿色建造方式、装配式建造方式、智能建造方式的协同发展，推动在构建人类命运共同体旗帜下的"一带一路"建设，加速传统建筑业企业的数字化变革和转型升级，推动实现双碳目标和建筑业高质量发展。为此，课题深入研究建设工程项目管理创新和项目治理体系的内涵及内容构成，着力探索工程总承包、全过程工程咨询等工程建设组织实施方式对新型建造方式的作用机制和有效路径，系统总结"一带一路"建设的国际化项目管理经验和创新举措，深入研讨项目生产力理论、数字化建筑、企业项目化管理的理论创新和实践应用，从多个层面上提出推动建筑业高质量发展的政策建议。该课题已列为住房和城乡建设部2021年软科学技术计划项目。课题研究成果除《建设工程项目管理创新发展与治理体系现代化建设》总报告之外，还有我们著的《建筑业绿色发展与项目治理体系创新研究》以及由吴涛著的《"项目生产力论"与建筑业高质量发展》，贾宏俊和白思俊著的《建设工程项目管理体系创新》，校荣春、贾宏俊和李永明编著的《建设项目工程总承包管理》，孙丽丽著的《"一带一路"建设与国际工程管理创新》，王宏、卢昱杰和徐坤著的《新型建造方式与钢结构装配式建造体系》，袁正刚著的《数字建筑理论与实践》，宋蕊著的《全过程工程咨询管理》《建筑企业项目化管理理论与实践》，张基尧和肖绪文主编的《建设工程项目管理与绿色建造案例》，尤完和郭中华著的《绿色建造与资源循环利用》《精益建造理论与实践》，沈兰康和张党国主编的《超大规模工程EPC项目集群管理》等10余部相关领域的研究专著。

本课题在研究过程中得到了中国（双法）项目管理研究委员会、天津市建筑业协会、河南省建筑业协会、内蒙古建筑业协会、广东省建筑业协会、江苏省建筑业协会、浙江省建筑施工协会、上海市建筑业协会、陕西省建筑业协会、云南省建筑业协会、南通市建筑业协会、南京市住房城乡建设委员会、西北工业大学、北京建筑大学、同济大学、中国社科院大学等数十家行业协会、建筑企业、高等院校以及一百多位专家、学者、企业家的大力支持，在此表示衷心感谢。《中国建设工程项目管理发展与治理体系创新研究》课题研究指导委员会主任、国务院原南水北调办公室主任张基尧，第十届全国人大环境与资源保护委员会主任毛如柏，原铁道部常务副部长、中国工程院院士孙永福亲自写序并给予具体指导，为此向德高望重的三位老领导、老专家致以崇高的敬意！在研究报告撰写过程中，我们还参考了国内外专家的观点和研究成果，在此一并致以真诚谢意！

二〇二一年六月三十日

肖绪文
中国建筑集团首席专家，中国建筑业协会副会长、绿色建造与智能建筑分会会长，中国工程院院士。本课题与系列丛书撰写总主编

本书前言

《建筑业绿色发展与项目治理体系创新研究》是住房和城乡建设部2021年建筑业转型升级软科学研究项目《建设工程项目管理创新发展与治理体系现代化研究》课题总报告的核心成果之一，该课题是在以张基尧、孙丽丽院士为主任的课题研究指导委员会指导下进行的。在前期研究的基础上，经过一年多的时间编撰形成了"新型建造方式与工程项目管理创新丛书"，本书是系列丛书的第一册，由肖绪文、吴涛、贾宏俊、尤完、郭中华等教授和专家共同研究并执笔完成。

建筑业经过40多年的改革开放和发展，已经成为国民经济的支柱产业、民生产业和基础产业，但仍然存在制约建筑业持续健康和高质量发展的疑难问题和薄弱环节。党的十八大以来，习近平新时代中国特色社会主义思想成为全党全国人民为实现中华民族伟大复兴而奋斗的行动指南，也是我们做好各项工作的根本遵循。在全球新技术革命和新产业革命迅速兴起的大环境下，现代科学技术、新一代信息技术与中国传统建筑产业深度融合，激发工程项目管理创新走向高维度项目治理，催生建筑业裂变出多种类型的新型建造方式，优化更高效率的工程建设组织实施模式。在新的发展阶段，中国建筑业必须与时俱进，在双循环格局和双碳目标背景下，引领时代潮流，加快高质量发展步伐。进一步推动中国建造走向世界，开拓"一带一路"国际市场，彰显中国建造品牌和实力。

"项目生产力论"是在我国建筑业改革开放和创新发展的实践中形成的具有原创意义的理论体系，对于完善工程建设投资管理体制、促进建筑企业管理和工程项目管理变革提升发挥了不可或缺的历史性作用。《建设工程项目管理创新发展与治理体系现代化研究》课题研究以习近平新时代中国特色社会主义思想为指导，以"项目生产力论"作为基础理论支撑，全面贯彻创新、协调、绿色、开放、共享的新发展理念，形成具有现实指导意义的研究成果。同时，其系列成果又从理论的深度和实践的高度赋予了"项目生产力论"新的内涵。其创新点主要是基于数字经济时代新型生产要素与生产关系相互作用的规律，面向实现"十四五"规划任务和2035年远景目标，从建设主管部门、行业管理和企业层面准确把握新发展阶段、深入贯彻新发展理念、加快构建新发展格局，寻求新动力，创造新机制，力图新突破，实现新目标，着力打造以创新驱动的建筑产业转型升级的新动能，加快推动中国建筑产业的绿色化、智能化、新型工业化、精益化、国际化发展。

本书在系统地回顾和总结中国建设工程项目管理改革发展历程及其"项目生产力论"产生的背景、理论依据、体系架构以及与建设工程项目管理创新的逻辑关系基础上，着重阐述了项目治理体系和治理能力现代化建设的必要性，提出了以制度化建设、标准化推进、规范化运行、精细化管理、个性化激励、体系化保障、现代化提升、国际化贯通为核心要素的工程项目治理体系框架。同时，基于绿色发展国策和行业分类标准定义"中国建造"的概念，论述了中国建造的演变过程、发展方向和发展路径；确立了中国建造的显著特征体现在新型建造方式和工程建设组织实施模式的依据；提出绿色建造方式、装配式建造方式、智能建造方式、增材建造方式是推动中国建筑业绿色发展和开拓国际市场的主流生产方式；阐明了"一带一路"倡议对中国建造国际化发展的机遇、挑战和应对策略。

本书还在多个层面上系统地提出了面向"十四五"期间立足新发展理念、实现建筑产业高质量绿色发展的政策性建议。

本书在写作过程中得到了国内数十家行业协会、建筑企业、高等院校、科研机构、软件企业等100多位专家、学者、企业家的大力支持，在此深表谢意！除已经附注的参考文献外，我们还吸收了相关专家的观点和建议，在此一并致谢！书中尚有许多欠妥和不当之处，恳请各位同仁批评指正！

二〇二二年六月三十日

目录

第1章

课题研究背景与意义

1.1　课题立项背景和目的与意义

2021年是中国共产党建党100周年，恰逢"国务院五部委学习推广鲁布革工程管理经验35周年"。在这个具有重大历史意义的年份，为进一步总结、巩固、深化、提升中国建设工程项目管理改革、发展、创新的先进经验和做法，按照党和国家统筹推进"五位一体"总体布局，协调推进"四个全面"战略布局，全面实现中华民族伟大复兴"两个一百年"奋斗目标，推动和促进建筑业高质量绿色发展，加快适应建设工程项目管理国际化、信息化、集约化、标准化、绿色化和开拓"一带一路"国际市场的需要，充分展示进入新时代建筑业现代化高科技、高质量、高动能的"中国建造"实力，努力开创我国建筑业无愧于历史和新时代的辉煌业绩。由山东科技大学、中国亚洲经济发展协会建筑产业委员会、中国（双法）项目管理研究委员会发起，会同中国建筑第八工程局有限公司、中国建筑第五工程局有限公司、中建科工集团有限公司、陕西建工集团有限公司、北京城建建设工程有限公司、天一投资控股集团有限公司、河南国基建设集团有限公司、山西四建集团有限公司、广联达科技股份有限公司、瑞和安惠项目管理集团公司、苏中建设集团有限公司、江中建设集团有限公司等三十多家企业和西北工业大学、中国社科院大学、同济大学、北京建筑大学等数十所高校联合组织成立了《建设工程项目管理创新发展与治理体系现代化建设》课题研究组和《新型建造方式与工程项目管理创新丛书》编写委员会，组织行业内权威专家学者进行该课题研究和撰写重大工程建造实践案例。以此有效引领工程建设领域相关企业和不同项目管理模式的创新发展，着力推动新时代中国建筑产业数字化转型与工程项目管理的优化升级，以实际行动和优秀成果庆祝中国共产党成立 100 周年和迎接党的二十大胜利召开。

1.2 主要研究出发点及基本要求

（1）坚持以习近平新时代中国特色社会主义思想为指导，准确把握新发展阶段这个战略机遇期，深入贯彻落实创新、协调、绿色、开放、共享的新发展理念，立足于国内国际双循环相互促进的经济发展形态和新发展格局，坚持定力，与时俱进，理论超越，引领发展。

（2）围绕"建设工程项目管理创新与治理体系现代化建设"这个主题，传承历史、立足当代、谋划未来。突出反映党的十八大以来，我国工程建设领域和践行"一带一路"沿线国际工程建设中项目管理创新的新理论、新方法、新经验。从实践的高度和理论的深度重点研究和揭示项目治理体系现代化建设的新思路、新内涵、新特征、新架构。

（3）进一步系统总结提炼建筑业推广鲁布革工程经验 35 年，特别是党的十八大以来建设工程项目管理创新发展的宝贵经验，谋划建设基于国家治理体系现代化大背景下的"行业治理—企业治理—项目治理"多维度治理现代化体系，为新发展阶段建设工程项目管理理论研究与实践应用创新及建筑业高质量发展奠定坚实的基础。

（4）"十四五"期间是向第二个百年奋斗目标进军的头一个五年，是抢抓新一轮科技革命和产业变革的重要战略机遇期。坚持绿色发展，大力推进工程承包，不断深化项目管理模式创新和提升项目生产力水平，发展和运用绿色建造、智能建造、数字建造等新型建造方式，多方面、全方位研究探讨新阶段推进和实现建筑业高质量发展以及工程项目管理创新与治理体系现代化的新途径，从而从服务、指导、引领到实施提出具有针对性、实用性、创新性、前瞻性的合理化建议。

本课题研究对建筑业在我国社会主义现代化建设新发展阶段，建立完善现代产业经济体系，实现建筑业供给侧结构性改革的质量变革、效率变革、动力变革，全面推进建筑产业现代化和高质量绿色发展，具有历史性、标志性、创新性的重大而深远的意义。

1.3　研究方法与技术路线

1.3.1　课题研究方法

　　本课题研究目的是系统总结我国建筑业改革发展和推进工程项目管理的实践经验，贯彻新发展理念，立足于我国工程项目管理的实践与理论创新，提出基于"国家治理—行业治理—企业治理—项目治理"多维度的治理体系。突出反映党的十八大以来，在习近平新时代中国特色社会主义思想指引下，建设工程领域（包括"一带一路"沿线国际工程建设）项目管理理论、方法的创新成果和工程管理、项目治理在实践发展中凝练生成的成果和经验，新型建造方式（装配式建造、绿色建造、智能建造等）、工程建设组织实施模式的相互融合及其有效应用。在此基础上提出一套具有广泛应用价值的，较为成熟的，适应我国新时代发展要求的工程项目管理理论体系。以赋予中国建造高质量发展新的内涵，为实现这一目标，课题组细化研究方案，广泛调研，综合大量有代表性的工程实践，采用多种研究方法汇总成果、归纳经验，梳理工程项目管理的内在规律，开展各项研究工作。具体研究方法和手段如下：

　　（1）政策研究。课题组搜集、综合和归纳了近 30 年中国建筑业改革发展以及工程项目管理实施过程和创新研究的政策文件和标准规范。就项目管理的知识体系、框架结构、基本指导思想、管理原则、思路和方法，我们进行了不同发展阶段的对比和分析。通过对比分析，归纳和提炼项目管理工作固有的发展规律和政策规律，就一定的发展时期和相关的政策原则，做了仔细的对比。就项目管理工作正常运行的基本规律和行业要求进行了总结。就三十多年涉及项目管理工作的有关政策法规、标准体系进行了对比。通过这些工作，挖掘在历史的发展历程中，项目管理工作固有的发展规律、固化的发展模式。从而，不断地提升和推进项目管理创新工作，体现项目管理工作的未来的生命力。

　　（2）文献研究。通过现场收集和 30 年项目管理工作的成果积累，也通过电子文献检索平台，收集和整理改革开放以来工程建设领域的重大项目信息及理论研究成果等文献资料，并对这些资料进行了归纳性总结，去粗取精、去伪存真，厘清我国建设项目管理及治理方法的研究脉络，体现项目管理发展历程和理论观点的延续和沿革。同时也体现了集各家之所长的项目管理市场氛围，更好地梳理主流思想、主流理论和主流原则，积极、健康地引导项目管理工作可持续发展。在搜集和研究大量的国内、国外专家学者的观点和研究成果的同时，改变过去片面地认识和不成熟的想法，找准项目管理工作30年发展的规律，从而更好地为课题提供理论支撑。

（3）案例研究。课题核心内容是对我国改革开放以来，特别是党的十八大以来，在习近平新时代中国特色社会主义思想指引下，建设工程项目管理领域理论、方法的创新成果和实践经验的系统总结。因此，案例研究，深入剖析经典案例是本课题的主要研究方法之一。课题精选了我国基本建设领域重点行业的典型案例，涉及不同行业不同类型。既有水利水电、市政、建筑等不同专业，又有工程总承包、PPP、全过程工程咨询等不同类型管理模式。

（4）调查研究。课题组有针对性和有计划地深入北京、江苏、浙江、上海、河南、天津、陕西等十多省份共三十多家企业和项目部进行现场实地调研，了解各种不同层次、不同类型和不同规模项目管理工作的实际情况，听取企业各个层面人员，包括项目经理和项目经理部其他项目管理人员的管理经验、体会和认识。同时，设计调查问卷，向政府主管部门、广大建筑企业、行业专家学者等发放调查问卷，搜集和发现社会敏感性问题和大家的关注点，找到项目管理工作在实际运行过程中面临或需要解决的问题。从而，更好地厘清研究思路和研究方向。

（5）国内外对比。通过对国际、国内，包括香港和台湾地区的项目管理模式对比，也通过典型央企（如中建、中交、中铁建、中石油、中电建等）以及地方性企业（如北京城建、北京住总、天津住总、上海建工等）不同区域、不同层次企业的梳理，比较不同的项目管理模式、行业管理机制所体现的项目管理效果，以便于寻求适应时代发展特征、符合项目特点的各类管理模式，更好地完善行业管理机制。同时，通过对不同典型案例的管理绩效对比，挖掘和梳理最佳的管理模式和管理体系。

1.3.2 技术路线

课题研究在充分调研基础上，梳理近35年来工程项目管理及建筑业发展的经验和教训；对项目管理创新及治理体系现状及行业发展需求进行广泛调研；按照国家治理现代化的战略要求，深入研究行业治理、项目治理的理论，形成适应中国建筑业高质量发展的现代项目管理及治理体系。

我国从20世纪80年代初期开始引进建设工程项目管理的概念，国务院批准水利电力部对我国第一个世界银行贷款项目，即鲁布革水电站项目实行工程监理和项目法人负责制。1995年建设部颁发《建筑施工企业项目经理资质管理办法》。2002年1月、

2006 年 6 月和 2017 年 5 月分别发布《建设工程项目管理规范》GB/T 50326—2001、GB/T 50326—2006 和 GB/T 50326—2017。为规范房屋建筑和市政基础设施项目工程总承包活动，提升工程建设质量和效益，2019 年 12 月 23 日，住房和城乡建设部、国家发展和改革委员会发布了《房屋建筑和市政基础设施项目工程总承包管理办法》(建市规〔2019〕12 号)，对从事房屋建筑和市政基础设施项目的工程总承包活动，实施监督管理。逐步完善和规范项目管理知识体系和原则性内容，并就项目管理工作的规范化发展和运行提出了明确的要求，为项目管理工作的健康发展提供了政策支持和理论原则，就项目管理工作的高效、快速、绿色、高质量发展奠定了坚实的基础。

2017 年 2 月 21 日，国务院办公厅印发《关于促进建筑业持续健康发展的意见》(国办发〔2017〕19 号)，在完善工程建设组织模式中指出："培育全过程工程咨询。鼓励投资咨询、勘察、设计、监理、招标代理、造价等企业采取联合经营、并购重组等方式发展全过程工程咨询，培育一批具有国际水平的全过程工程咨询企业。制定全过程工程咨询服务技术标准和合同范本。政府投资工程应带头推行全过程工程咨询，鼓励非政府投资工程委托全过程工程咨询服务。在民用建筑项目中，充分发挥建筑师的主导作用，鼓励提供全过程工程咨询服务。"可见，我国项目管理由不成熟逐渐走向成熟，并形成自己特色的项目管理体系。同时，项目管理的研究也从传统的管理层面扩展到治理体系和体制建设不断完善的层面。

因此，课题主要对以下内容进行研究：

(1) 建设工程项目管理改革发展与治理体系建设；

(2) "项目生产力论"的创新研究与实践应用；

(3) 中国建造与建筑业绿色发展；

(4) 面向"十四五"时期建筑业高质量发展的政策建议。

课题系统对工程项目管理模式、项目管理理论方法、新型建造方式的项目组织机制、项目治理体系现代化以及基于高质量绿色发展战略的工程项目管理体系创新的政策建议等方面开展了系统研究。在研究过程中，第一，明确研究目的、意义，界定研究对象和范围，对工程项目管理创新及治理体系的内涵予以界定；第二，进行理论研究，分析现有理论基础，包括项目管理理论、项目治理理论；第三，进行案例研究，分析典型案例经验及教训；第四，提出新时代工程项目管理与治理体系，最后形成有关的政策建议。

具体研究技术路线如图 1-1 所示。

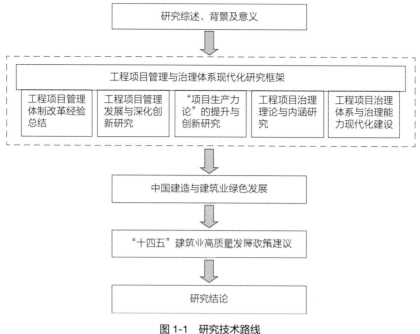

图 1-1　研究技术路线

1.4　主要研究内容及创新点

课题组通过回顾我国建筑业和建设工程项目管理体制改革 30 多年的发展历程，归纳项目管理工作的发展规律。重点就项目管理创新治理体系、"项目生产力论"、中国建造理论体系、项目治理体系现代化和新阶段建筑业高质量发展等进行了具体研究。

1.4.1　建设工程项目管理改革发展与治理体系现代化建设研究

课题组通过回顾和总结中国建筑业项目管理体制改革实践应用的发展历程，从最初的计划经济向市场经济模式转变、加强施工现场管理、强化合同意识、注重目标管控，到重视企业运营管理效率，极大地改进和促进了项目建设质量、节约资源、提升综合效益等一系列改革创新发展，使得项目管理工作更好地适应中国建筑业阶段高质量发展的要求。同时，课题组总结了我国工程项目管理组织模式变革历程，探究组织模式变革的原动力和向心力。研究我国投资体制改革与工程项目组织模式变革的相关性，以便得出较为科学的结论，寻求较为理想的工程项目组织模式演化路径。避免出现组织模式与项目自身条件的不适应，进而导致项目管理绩效的偏差。从而为未来建设项目的投融资管理和市场运行模式寻找更为科学、便捷的途径。

为响应党中央的号召，推进"国家治理体系和治理能力现代化"在工程建设领域的落实，课题组重点对新阶段实现工程项目管理创新及项目治理体系现代化建设的理论和内涵进行了系统研究。提出了工程项目治理是一种符合组织治理模式的工程项目监管职能，涵盖整个工程项目生命周期。工程项目治理框架向项目经理及其团队提供管理项目的结构、流程、决策模式和工具，同时对项目进行支持和控制，以实现项目的成功交付。通过借鉴国家治理及企业治理理论，从国家层面，通过构建完善的法律法规及有关的强制性标准加强对行业发展治理；从行业层面，通过行业自律、行业引领、行业推动等，加强对工程项目的治理；从企业层面，通过制度建设、机构完善、完善单位及单位之间的合约关系，加强对工程项目的治理；从项目层面，通过项目利益关系、项目目标控制体系等，加强对项目的治理。同时，收集有关项目治理的案例，尤其是企业级项目治理的成功经验，丰富工程项目治理理论体系和实践应用，以构建适合于不同项目的治理结构。

1.4.2 "项目生产力论"的创新研究与实践应用

社会主义建设的本质要求是解放生产力和发展生产力。对建设工程项目而言，生产力的落脚点在于项目层次，其实质就是项目生产力。"项目生产力论"的提出，是学习马克思主义生产力理论与中国建筑业改革发展实践相结合的产物与创新成果。因此，课题组以马克思主义关于生产力理论为指导，认真学习贯彻党的十九大精神，深刻领会正确把握新时代我国社会主要矛盾的变化，结合多年来建筑业实施项目管理工作的实践经验和理论研究成果，面对新阶段数字经济的挑战，通过对项目生产力内涵、特征等的深刻分析研究，又赋予了"项目生产力论"新的内涵，构建和形成了比较完整的"项目生产力论"基本框架体系。为建筑业新阶段贯彻新发展理念，构建新发展格局，进一步变革施工生产方式，加快项目管理模式创新研究与新型建造方式深度融合，更好地体现建设工程项目管理创新发展的绿色化、智能化、国际化、精益化、现代化，奠定了坚实的理论基础。与此同时，课题还对"项目生产力论"提出的时代背景与实践经验进行了系统的总结，实现了"项目生产力"论的深化研究与理论提升，有力地促进了建筑业高质量发展与企业转型升级。

1.4.3 建筑业绿色发展与中国建造"走出去"

习近平总书记提出"中国制造、中国创造、中国建造共同发力，继续改变着中国的面貌。"为展现我国"中国建造"这一国家名片,不仅有一系列的超级工程,更应该加强对中国建造理论的研究,提升建造能力和国际引领作用,立足国内国外两个需求,分析我国工程建造的现状,特别是针对目前尚存在的发展瓶颈和短板,在此基础上提出了中国建造的发展方向。随着绿色发展理念的深入贯彻,建筑业作为城镇化建设的支柱产业,必将成为建造高品质绿色建筑的重要载体,也为中国建造创新发展和工程项目管理优化升级、引领国际化发展提供了强大的战略机遇。课题深入研究了新发展理念,特别是绿色发展对我国建筑业带来的严峻挑战。从国家和行业侧面,研究支持建筑业大力发展新型建造方式,推进工程建设领域标准"走出去",促进中国建造高质量绿色发展。以便更好地体现建筑业为造福于民,建设美丽中国,实现国家绿色发展战略的时代担当和国际引领。课题还总结了中国建造的理论与实践探索历程,梳理了中国建造的特征,分析了新型建造方式的发展趋势和中国建筑业"走出去"与"一带一路"建设的机遇,对建筑业实施"走出去"战略和高质量绿色发展进行了客观论证。

1.4.4　面向"十四五"时期建筑业高质量发展的政策建议研究

"十四五"时期是开启全面建设社会主义现代化国家新征程第二个一百年的第一个五年。我国建筑业发展处于重要战略机遇期,但机遇和挑战都有新的发展变化。要准确把握新发展阶段,深入贯彻新发展理念,加快构建新发展格局,推动建筑业高质量绿色发展,为全面建设社会主义现代化国家贡献力量。

统筹推进传统基础设施和新型基础设施建设。加快数字化发展,打造数字经济新优势,协同推进数字产业化和产业数字化转型,加快数字建设步伐,提高数字建设水平,营造良好数字生态,实现数字建造和项目管理工作的现代化。同时,加快发展方式绿色转型,协同推进建筑业高质量发展和生态环境高水平保护,实现新阶段建筑业高质量发展。

实现工程项目管理及治理体系现代化,促进建筑业高质量绿色发展,需要有切实可行的政策支持。课题结合国家"十四五"规划建议,针对工程项目管理发展的客观规律,从政府主管部门层面的政策制定、行业组织层面的推动创新和引领发展、企业层面的创新发展和提高核心竞争力等深入研究,就建筑业"十四五"期间发展与展望提出建议。

第 2 章

建设工程项目管理改革发展与治理体系现代化建设

2.1 建设工程项目管理体制改革与建筑业持续发展

我国项目管理的发展最早起源于 20 世纪 60 年代华罗庚推广的统筹法。建设工程项目管理从 80 年代学习推广鲁布革工程管理经验开始。

2.1.1 建设工程项目管理体制改革历程

1984 年国务院提出率先把建筑业作为城市经济改革的突破口，1987 年国务院五部委又提出以"项目法施工"为突破口进行建筑工程项目管理体制改革。大致上经历了如下四个阶段。

1. 试点推广阶段（1986—1994 年）

1986 年国务院领导在视察我国第一个利用世界银行贷款项目——鲁布革水电站工程时，提出要把学习推广鲁布革工程管理经验和建筑施工企业管理体制改革结合起来。1987 年之后，国家计委等五部委先后选择 18 家和 50 家不同类型的大中型企业进行学习"推广鲁布革工程管理经验试点工作"，通过指导试点方案，逐步形成了以"项目法施工"为特征的国有施工企业生产方式和项目管理模式，不仅极大地解放和发展了建筑生产力，而且为 21 世纪中国工程项目管理的新发展奠定了坚实的基础。1991 年，建设部进一步提出把试点工作转变为全行业推进的综合改革，全面推广项目管理和进行项目经理负责制试行。如在二滩水电站、三峡水利枢纽建设和其他大型工程建设中，都采用了项目管理这一有效手段，并取得了良好的效果。1992 年 8 月 22 日，中国项目法施工研究会（后改为"中国建筑业协会工程项目管理委员会"）正式成立，并于 1993 年会同建设部在内蒙古召开项目法施工经验交流会，标志着项目法施工从试点迈向推广，走上一个新台阶。

试点推广期间，主要是通过以项目资源的动态管理为主，采用了国际合同管理模式，加强合同管理和目标管理、过程管控以及项目的综合计划管理，强调项目管理工作的高效。

2. 总结规范阶段（1995—2002 年）

1998 年 9 月，在建设部建筑业司的具体指导下，中国建筑业协会工程项目管理委员会，开始系统地总结 50 家试点施工企业进行工程项目管理体制改革的经验，并注重推动企业加快工程项目管理与国际惯例接轨步伐。尤其是从项目管理理论框架、项目管理运作以及项目管理工作中的主要目标管理方面，提出了实现"四个一"的目标要求。就计划管理、程序管理、制度管理以及项目各种资源目标规范了管理行为，为项目经理责任制与项目管理体系的完善和制度体系的应用奠定了坚实的基础。2000 年 1 月，委员会组织有关企业、大专院校、行业协会等 30 多家单位编制中国建设工程领域第一部国家标准《建设工程项目管理规范》，该规范并于 2002 年 5 月 1 日起颁布施行。这标志着中国建筑业项目管理工作从学习鲁布革经验开始，经过多年的实践推广应用和总结提升，梳理出适应中国建设工程项目管理的知识体系，为中国建筑业工程项目管理工作规范化引导和国际化融合起到积极的推动作用。此后，《建设工程项目管理规范》先后于 2006 年和 2017 年两次修订，更加系统和完善了项目管理治理框架和知识体系。

3. 国际化发展阶段（2003—2011 年）

在我国加入世界贸易组织（World Trade Organization，WTO）之后，随着国家"走出去"战略的实施，建筑企业积极开拓国际承包市场，中国建设工程项目管理的国际化步伐不断加快，国际竞争力不断提高。这期间，中国建筑业协会工程项目管理委员会牵头会同国际项目管理协会（International Project Management Association，IPMA）、英国皇家特许建造学会（Chartered Institute of Building，CIOB）、CIOB 香港分会、韩国建设事业协会、新加坡项目经理协会、印度项目管理协会等国家和地区的工程管理组织协会签署了《国际工程项目管理工作合作联盟协议》，进一步加强了各方在国际项目管理领域的交流和合作。同时，中国建筑业协会工程项目管理委员会组织会员企业积极贯彻落实科学发展观，引导企业加快转变发展方式，扩大对外开放，积极与国外有实力的企业合作，与国外典型市场融合，将业务渗透到国际市场的各个领域。为中国建筑业更好地进入国际市场、引入国际项目管理先进方法、体现中国建造特色，与国外管理体系、管理标准以及管理理念和认知的高度融合，奠定了良好的基础。

4. 创新发展阶段（2012 年至今）

在党的十八大和十九大以及历次全会精神指引下，中国建设工程项目管理步入创新引领发展的新阶段。建筑业产业规模稳步增长，在国民经济中的支柱作用显著增强，建筑业产业结构进一步升级。建设工程领域先后完成了一系列设计理念超前、结构造型复杂、科技含量高、质量要求严、施工难度大、令世界瞩目的重大工程。在这个阶段，通过工程质量治理行动，进一步强化了项目经理责任制，切实保障了工程质量与工程安全。工程建设相关标准体系进一步健全和完善，标准国际化水平进一步提升。通过推行工程总承包，项目管理的集成化、信息化水平有较大提高。

尤其是"十三五"以来，建筑业贯彻新发展理念，大力推进绿色建造、数字建造、智能建造以及工业化、信息化、集成化的管理模式，项目管理工作创新实现了跨越式发展。

2.1.2　工程项目管理体制改革以来建筑业取得的成就

学习推广鲁布革工程经验以来，建筑业得到了快速高效的发展。工程项目管理模式应用有力地促进了建筑业各项管理工作的进步和提升，为我国经济社会发展做出了突出的贡献。据相关统计，1980 年，全国建筑业企业完成总产值为 286.9 亿元，经过 30 多年来的高速发展，2017 年达到 21.4 万亿元，是 1980 年的 745.7 倍，总产值平均增长在 20%，增加值年平均增速接近 17%，增加值占 GDP 超过 6.7%。与此同时，建筑业还带动了 50 多个相关产业的发展，为国民经济和社会和谐发展做出了巨大贡献。可以肯定地说，建筑业取得的一切成就与辉煌，推广鲁布革工程管理经验，深化建设工程管理体制改革功不可没。

1. 建筑业总产值增速渐强，支柱产业地位凸显

进入新时代，面对国内外复杂的经济环境和各种严峻挑战，在以习近平同志为

核心的党中央坚强领导下，建筑业以习近平新时代中国特色社会主义思想为指导，全面贯彻党的十八大、十九大精神，持续深化供给侧结构性改革，发展质量和效益不断提高。

（1）建筑业总产值持续增长

2020 年克服新冠肺炎疫情的不利影响，建筑业的产值达到 263947.04 亿元，比 2019 年增长 6.24%。建筑业总产值增幅比 2019 年提高了 0.56 个百分点（图 2-1）。

图 2-1　2011—2020 年国内生产总值、建筑业增加值及增速

（2）建筑业增加值再创新历史新高、支柱产业地位稳固

自 2011 年以来，建筑业增加值占国内生产总值的比例始终保持在 6.75% 以上。2020 年再创历史新高，达到了 7.18%。在 2015 年、2016 年连续两年下降后连续三年出现回升（图 2-2），建筑业国民经济支柱产业的地位稳固。

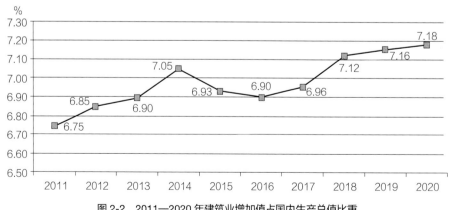

图 2-2　2011—2020 年建筑业增加值占国内生产总值比重

（3）建筑业从业人数减少但企业数量增加，劳动生产率再创新高

2020 年，建筑业从业人数 5 366.92 万人，连续两年减少。2020 年比 2019 年末减少 60.45 万人，减少 1.11%（图 2-3）。

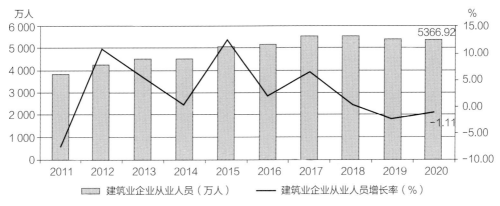

图 2-3　2011—2020 年建筑业从业人员及增长率

截至 2020 年底，全国共有建筑业企业 116716 个，比 2019 年增加 12902 个，增速为 12.43%，比 2019 年增加了 3.61 个百分点，增速连续五年上升并达到近十年最高点（图 2-4）。国有及国有控股建筑业企业 7190 个，比 2019 年增加 263 个，占建筑业企业总数的 6.16%，比 2019 年下降 0.51 个百分点。

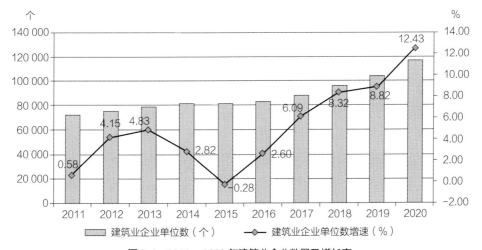

图 2-4　2011—2020 年建筑业企业数量及增长率

2020 年，按建筑业总产值计算的劳动生产率再创新高，达到 422906 元／人，比 2019 年增长 5.82%，增速比 2019 年降低 1.27 个百分点（图 2-5）。

（4）建筑业企业利润总量持续增长、产值利润率持续下降

2020 年，全国建筑业企业实现利润 8303 亿元，比 2019 年增加 23.45 亿元，比

2019 年增长 2.93%，增速为 0.28%，增速比 2019 年降低 2.63 个百分点（图 2-6）。

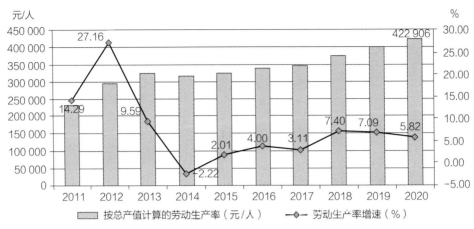

图 2-5 建筑业劳动生产率及增长率

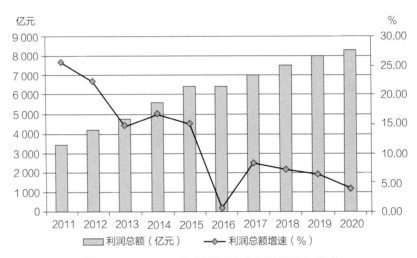

图 2-6 2011—2020 年全国建筑业企业利润总额及增速

2. 以创建鲁班奖为标志，进一步夯实工程质量与项目管理基础

随着学习鲁布革工程管理经验的开展，1987 年中国建筑业协会开展了创立鲁班奖工程评选活动，其主要是基于工程质量、绿色施工、新技术应用以及工程项目管理水平，是项目管理"四个一目标"提升的重要载体。它向全社会昭示了建筑业企业把工程质量视为生命的决心和行动，体现了建筑业企业工程项目管理者精益求精、追求卓越的现代工匠精神，形成了促进提高工程质量的激励机制，带动广大建筑企业不断提高工程项目管理能力和市场竞争实力。仅"十三五"期间，就有 500 多项工程荣获鲁班奖工程称号，涌现出一大批创建鲁班奖的先进建筑企业和工程项

目管理人才。

正因为有鲁班奖工程的示范引领，才有了目前建设领域广大从业者对工程质量的深刻认识和卓越追求，工程项目基本规避了质量通病的发生。建筑业施工大体积混凝土结构浇筑，钢筋绑扎、模板支设、模板缝的封堵以及混凝土的浇捣、养护、拆模等细节管理和功能配套方面，都建立了严格的质量标准体系，确保了基础结构、装饰工程、水暖电气、设备安装、工程质量一次成优率大幅度提升。

3. 以 BIM 技术和"互联网＋"提高工程项目全生命周期集成化水平

BIM 技术贯穿于整个项目的规划、设计、施工和运营的全生命周期，为开发单位、建筑设计师、土建工程师、机电工程师、建造师、材料设备供应单位、用户等各环节的技术和管理人员提供协作平台，项目参与者都可以通过统一模型对工程项目进行设计、建造及运营管理，共享信息，协同工作。

BIM 信息化模型，为建设工程项目管理从前期的资源投入到生产组织以及时间规划、项目运行和各相关方的有机融合管理提供了有效的管理工具和手段，为项目高效运行和项目实施过程中的管控提供有效的帮助，尤其是从统筹管理和系统规划方面提供了技术支撑。"互联网＋"体现了物联网技术在项目管理工作的高效化。从模型建造、资源共享到综合化集成管理都体现了特有的优势，真正把项目的集成化管理和全生命周期管理融为一体。

4. 以绿色施工示范工程推动项目管理绿色发展

2008 年以来，中国建筑业协会颁布并组织实施的《全国建筑业绿色施工示范工程管理办法》，推动了从项目层面到企业层面绿色施工管理机制的形成，使创建绿色施工示范工程活动成为引领建筑企业实践绿色发展的载体。2011—2016 年的 5 年间，已先后正式公布了五批共 1301 项绿色施工示范工程。时间虽短，但数量增长幅度很大，这些工程对推动项目管理绿色发展起到了显著的示范引领和良好的带动作用。

大力发展绿色建造的关键在于绿色规划、绿色设计、绿色建材和绿色施工。从绿色建材的角度，第一，加大建材的改革力度，充分体现新型建材在项目建设过程中的有效使用。挖掘新型建材，改变建材性能，更好地体现建材的绿色性与建造工艺的完美结合。第二，强调建材的节约使用，改进加工工艺、改变生产技能，极大限度地避免建材的加工浪费和建材的现场损坏，提高建材使用效率，体现了现场实施的高效、低耗、高质量和高水平。第三，加强施工图设计优化，强化工艺变革，从设计功能、设计体系和设计表达的角度，避免不必要的资源浪费和建筑功能过剩以及其他的浪费行为。改进设计方案，将设计与绿色建材、绿色工艺紧密地结合，更好地指导施工管理。第四，强化现场的文明实施，坚持"四节一环保"，从实施者素质到现场管理水平以及规范实施环境营造等环节，通过全员、全方位、全过程管控，推进绿色建造各项措施落实到位。

5. PPP 模式的推广应用促进了建筑业企业商业模式创新

随着 PPP 模式在我国的大力推广，给建筑企业的商业模式带来重大改变，以中国建筑、中国中铁、中国铁建、中交集团等大型央企为代表的项目运行实践表明，建筑企业采用 PPP 模式参与基础设施建设，使得建筑业企业有了实现投资、建设、运营一体化并打通上下游产业链的机会。施工企业由原来单一的施工承包单位，向投资单位、施工承包单位、运维服务单位等角色延伸，盈利结构将由原来单一的施工业务收入，向上有投资收益、中间有施工利润、向下有运行维护服务收益的多重收入结构转变。体现建筑业市场向上延伸到投资主体，向下覆盖到项目的后期运营管理，体现了基本建设项目的全过程和一体化特点。更好地促进全过程工程咨询和总承包管理模式的有效应用，为实现项目建设实施过程中责任一体化、利益一体化以及项目目标运作的一致性创造了有利条件，也为建筑业的转型升级和市场拓展创造了有利的条件。

6. 国际市场新突破彰显中国建造品牌优势

"十三五"期间，我国国际工程承包新签合同额、完成合同额均持续上升。即使是在世界经济艰难复苏、全球承包工程市场发展表现总体乏力、国内建筑业增速出现明显下降的情况下，我国国际工程承包克服困难，整体业务仍保持良好的发展势头并取得新突破。特别是大型国际工程承包项目的数量持续增加，建筑企业在东南亚、中东、非洲、欧洲、南美洲等地区承建的精品工程得到所在国家的高度赞誉。2020 年，虽遭受到新冠疫情的严重影响，我国对外投资合作仍保持平稳健康发展，新签合同额 2555.4 亿美元（折合 17626.1 亿元人民币），完成营业额 1559.4 亿美元（折合 10756.1 亿元人民币）。在中国对外承包工程企业百强榜中新签合同额前 100 家企业合计达到 2368.6 亿美元，占全国份额的 92.7%。有八家企业新签合同额超过 100 亿美元，完成营业额前 100 家企业合计达到 1233.82 亿美元，占全国份额的 79.12%，有两家企业完成营业额超过 100 亿美元。

2.2　建设工程项目管理改革发展实践经验与存在的主要问题

2.2.1　建设工程项目管理改革发展的实践经验

2021 年是中国共产党建党 100 周年，也是建筑业推广"鲁布革"工程管理经验促进改革发展 35 年。不得不说，这 35 年是我国经济社会改革发展进程中极不平凡的 35 年，也是中国建筑业践行"两个突破"深化工程项目管理体制改革和提升项目生产力水平进入了一个高速发展的历史时期。

1. 工程项目管理改革发展积累的六项宝贵经验

鲁布革工程管理经验的核心是注重投入产出，讲求经济效益，强化生产要素动态组合和优化配置，以强烈的竞争意识和科学管理的方法提高项目实施综合效益。35 年来，建筑业学习推广鲁布革经验，以"项目法施工"为突破口进行建设工程管理体制的改革，已积累形成了具有中国特色的宝贵经验和做法。

一是从实践创造和理论研究层面把"项目法施工"初期设想变为可操作的一种新型的工程项目管理模式，并在解放和发展"项目生产力论"上有较大突破和成熟的阐述。形成一套具有中国特色并与国际惯例接轨、适应市场经济、操作性强、比较系统且较为科学的工程项目管理理论和方法。编制完成了首部工程管理类国家标准《建设工程项目管理规范》GB/T 50326。

二是政府主管部门面对计划经济向市场经济的转型，抓住主要矛盾，及时进行政策指导，制定和建立了以资质管理为手段的四个层次的施工生产组织管理体系。逐步形成了以管理技术密集型的工程总承包企业为龙头，以专业施工企业为骨干，劳务作业队伍为依托，国有与民营（多种经济成分并举）、总包与分包、前方与后方分工协作、互为补充，具有中国特色的建筑业企业组织结构，并在此基础上建立了以项目经理部为责任主体的生产管理组织机构。

三是实行和加强了建筑业企业内部两层管理与组织建设，有力地促进了企业经营机制的转换和行业组织结构的调整。项目生产力揭示了企业与项目层次、项目层次与劳务层次以及参与项目管理各利益相关方的生产关系，创造了建筑业企业从创新管理理念的高度来规划多种经营，实行多元化发展战略和投、建、营一体化的企业改制再造经验。

四是创建了项目经理责任制度。培养和造就了一大批懂法律、会经营、善管理、敢担当、作风硬、具有一定专业技术水平的工程管理人才队伍，明确了项目经理在企业中的重要地位和对项目层面的主体责任，加速了项目经理职业化建设，为新时代我国建筑业高质量发展积累了人才资源。截至2019年我国已有注册建造师资格的项目管理人才300多万，其中实行注册资格之前所培养的国家一级项目经理转注超过20万，全国优秀项目经理上万人，国际杰出项目经理300余人。

五是在学习借鉴国际先进管理技术的同时，有力地促进了我国工程项目管理实践运用和施工技术与工艺创新。自1988年建设部提出加快推进建筑施工技术进步，推广国家级工法改革以来，先后研发编制国家级工法2880项，发布优秀项目管理成果2609项，为我国加入WTO后工程建设领域加快与国际接轨、践行"一带一路"建设、推进中国建造"走出去"奠定了坚实的基础。

六是工程项目管理作为一种新的现代化管理模式，在解放和发展建筑生产力、促进建筑业高质量持续发展过程中越来越显示了强大的生命力，并取得了丰硕成果。35年来建设完成了一大批高质量、高速度、高效益的代表工程，全行业已有2600多项工程荣获中国建设质量最高奖"鲁班奖"，上万项工程荣获国家优质奖，形成了中国建筑"品牌窗口"，充分展示了建筑业当代先进科技水平和国际化"中国建造"实力。

这些基本经验和做法以及取得的辉煌业绩既是35年来推广"鲁布革"工程管理实践探索中形成的基本制度和理论研究创新成果的升华，也是党十八大以来建筑业进行供给侧结构性改革，寻求经济发展增长新动能，加快推进产业现代化进程中进一步深化工程项目管理创新，促进企业转型升级高质量发展，激励引领广大建设者不忘初心、砥砺前行的宝贵精神财富。

2. 项目管理创新发展助推建筑业企业转型升级取得显著成效

35年来，通过学习、借鉴、推广"鲁布革"经验，以工程项目管理为核心，坚持改革发展创新，有力地促进企业管理制度化、标准化、规范化、精细化、信息化和科学化。最初政府主管部门从50家试点企业抓起，35年来培育了上千家拥有雄厚人力资源和技术、设备、融资等综合实力强的工程总承包领军企业。

中国建筑集团有限公司学习推广创新"鲁布革"工程管理经验，实现了"一最两跨"的目标。30 多年来，企业的产值、利润、纳税分别比 1987 年增长 827 倍，382 倍、363 倍。2019 年，新签合同额为 24821 亿元，同比增长 6.6%；从而以 1815.2 亿美元的年营业收入位列 500 强全球榜单第 21 名，总营收相较去年增长 16.3%，排名较 2018 年升高两位，蝉联全球最大的上市建筑企业榜首。

中国中铁股份有限公司"推进两大转变，实现两次创业"，各项指标排世界建筑行业第二，极大提升了在国民经济产业中的带动力。特别是高铁施工的先进管理与技术走出国门、影响全球，成为中国铁路建设耀眼的明珠。

中国水利水电建设集团（现并入中国电力建设集团）是首批学习推广鲁布革工程管理经验的示范单位，先后承建了鲁布革、小浪底水电站、三峡和南水北调等大型水利水电工程。20 多年来，他们以建设"行业领先，管理一流，品牌影响，具有较强国际竞争力的质量效益型跨国企业集团"为目标，以资本运营和管理创新提升工程总承包项目管理能力，在开拓国内外水电工程建设市场中取得显著的成绩。

中国建筑第五工程局启航于"大三线"建设时期，改革开放以后由于不适应市场经济，一度陷入生存困境，进入 21 世纪特别是党的十八大以来，企业深化工程项目管理，坚持"树信心、定战略、抓落实、育文化"，通过"提质攻坚"和"一引领、四支撑"，瞄准智慧建造，精准发力，推动企业转型升级。2019 年实现营业收入超过 1200 亿元，利润额也较同期增加两倍以上，在中建内部排名从原倒数第二一举提升到前三名。

中国建筑第八工程局秉承"诚信创新、超越共赢"的铁军精神和"高端市场、高端业主、高端项目、高端管理"的市场营销战略，通过研发推广"四新"技术、建立工程总承包信息化网络管理系统（ERP），以承建如 G20 会展博览馆等类似的大型体育场馆、医疗卫生、文化旅游、重大国际活动会议中心及机场航站楼等地标性建筑精品著称于世，在国内外被誉为"南征北战的建筑铁军，重大项目建设的先锋"。

北京城建集团作为"兵改工"推广"鲁布革"工程管理经验的首批试点企业，当年面对市场经济步履维艰，借力改革，冲出困境。特别是近几年来，紧紧围绕"调整资本结构、提高融资能力、转变增长方式、完善产业布局"的发展战略，坚持"四清晰、一分明"的项目管理制度，实现了工程承包高端化、地产开发高效化、设计咨询专业化、管理体系科学化、集团发展国际化。

上海建工集团坚持"重点区域、重大项目、深度开发、科学管理"，加快产业结构调整，推进集团可持续发展。2019 年，建筑施工业务营业收入约为 1600 亿元，较 2018 年增长 21%；建筑相关工业业务营业收入约为 125 亿元，较 2018 年增长 147%。

陕西建工集团是西部地区首个施工总承包特级、设计甲级资质及海外经营权的省属大型国有企业集团，多年来坚持省内外、国内外并举的经营方针，完成了一大批重点工程建设项目，国内市场覆盖 31 个省份，国际业务拓展到 27 个国家。实现了稳霸陕西、称雄全国、驰骋国际，提前两年进入"千亿陕建"的宏伟目标。

云南建设投资控股集团有限公司树立"强化精细管控，打造过程精品"的质量理念，秉持"敬业、协作、担当、品质、责任、创新"的核心价值观，致力于企业文化建设，荣获住房和城乡建设部"精神文明建设先进单位"，被中华全国总工会授予"全国五一劳动奖状"。

中建科工集团是中国最大的钢结构高新技术新型建造企业。该集团是较早推广应用工程项目管理模式，承建了当时深圳最高最大最快的帝王大厦和深圳发展中心，十多年来秉承科技管理创新与工业化为核心"双引擎"，从最初中建系统的三级公司发展到一个"创新型、资本型、全球型"具有诸多国家级知识产权的示范企业。

天津天一建设集团是一家集建筑、地产、投资、贸易等为一体的多元化民营企业，集团秉承"严实求精、每时俱新、诚信进取、增创一流"的市场竞争优势。以优化工程项目管理为抓手，坚持每项工程精益求精一次成功，连续十年荣获十项鲁班奖工程，被行业称为鲁班奖工程的专业户。

中国冶建、中国交建、浙江中天、山西四建、四川华西、江苏中亿丰建设、江苏苏中、河南国基、江西宏盛以及内蒙古兴泰建设、广东正升、南通四建和安徽华力等国有、民营和混合所有制企业也在我国改革开放大潮中应运而生、茁壮成长。正是这样一大批传承"鲁布革"精神、勇于改革创新的建筑业企业，为当今中国城乡面貌巨变和现代化建设作出了巨大贡献，谱写了壮丽的篇章。

3. 新时代项目管理创新为建筑业持续发展发挥了重要作用

党的十八大以来，面对经济发展"新常态"，建筑业认真贯彻落实习近平总书记系列讲话精神和党中央的战略布局，举旗定向，谋篇布局，攻坚克难，强基固本，强调思路之变，把握主动商机，探求创新之路。深入研究提升"项目生产力论"，并以此凝心聚力，务实前行，不懈奋斗，铸就辉煌，彰显伟业，建造能力屡创新高，管理队伍持续扩大，综合实力不断增强，在工程建设和推进建筑产业现代化进程中，释放发展活力，不断攀登建筑高峰，以科技进步与管理创新引领传统产业转型升级和高质量发展，开创了新时代建筑业改革发展一个又一个的新纪录。

一是产业集中度明显提高，国有股份制和混合所有制企业呈现多元化发展。截至 2019 年，全国各类型建筑业企业超过 30 万家，其中具有建筑业资质的总承包和专业承包企业达到上万个。在建设现代经济体系的催化下，行业与企业资质结构渐续优化，高端市场占有率不断提高，大型国有企业改革步伐加快，建筑业兼并重组取得重大突破，以资本与特级资质为纽带的混合所有制企业集团不断涌现。例如，中建总公司斥资 310 亿元收购中信地产极大地延伸了产业链，中国中铁通过内部实施重大资产置换与非公开股份发行，提升了企业综合实力，开拓了更为广阔的发展空间。

二是建造实力明显增强，产业现代化建设进程加快。建筑业实施国家创新驱动发展战略，大力推进新型建造方式，以绿色建筑产品为目标，以智慧施工技术为支撑，以部件工厂化生产为基础，以项目精益化管理为手段，以全产业链集成为纽带，以高端专职人才为资源，以工程总承包为主流模式的工程项目全生命周期管理彰显"中国建造"的综合实力。与此同时新型建造技术水平实现了新跨越，高层建筑，高速、高寒、高原、重载铁路和特大桥建造技术迈入世界先进行列。BIM 技术推广力度深度进一步加大，离岸深水港关键技术、巨型河口船道整治技术与大型机场工程建造技术都已达到世界领先水平。正如习近平总书记在北京大兴新机场视察时赞扬的"中国制造、中国创造、中国建造"共同发力改变着中国的面貌。

三是建筑业传承鲁班文化，弘扬工匠精神，有力地促进了"建百年精品、树行业丰碑"活动风起云涌。我国在房屋建筑、市政设施、高速公路、水利水电等一系列高、大、难、精、尖的工程建设中，涌现出一大批以上海中心、杭州 G20 会址、中国尊、国家博物馆、西北科技创新港、文昌航天发射塔、厦漳跨海大桥、港珠澳大桥、北京大兴国际机场为代表的大体量、高难度的大型优质工程。具有中国知识产权的高铁跨越高山峡谷走出国门，穿越江海天堑的桥梁隧道与高峡出平湖的电站大坝等工程项目如雨后春笋般拔地而起，精彩纷呈、色彩斑斓，且工程项目规模越来越大，专业技术水平要求越来越高，先后有一大批工程项目荣获国家优质工程奖和鲁班奖。充分体现广大建设者极具匠心、奉献社会、视质量为生命的精神风貌，为"中国建造"赋予了新的内涵，彰显了现代工程项目管理水平与中国建造质量品牌及综合实力具有世界领先的国际水准。

四是建筑业践行和加强"一带一路"建设，瞄准国际前沿，抢抓市场机遇，大力实施"走出去"战略，海外市场持续发力。"一带一路"本质上是面对经济全球化，进一步加强中国与周边国家的各领域经济长期合作，通过实现"五通"，加快我国基础设施开发模式与沿线国家基础设施强劲需求发展的深度融合，同时也为我国建筑业新时代转型升级与高质量持续发展提供了面向世界的外部市场环境。

这十年所取得的辉煌成就，已在新时代中国改革发展创新的历史上留下深刻的印记，成为党的十八大以来，进入新时代，我国社会经济发展波澜壮阔历史丰碑的缩影。

2.2.2 建设工程项目管理发展中存在的主要问题

项目管理是指为实现项目目标，针对项目资源的科学、有效利用，管理单位借助项目系统运行的特点和相关理论体系，对运行系统进行全面分析，确保项目中设计资源的合理利用，同时有利于确保对项目施工进行全面、系统的管理，有利于管理层针对项目实行全面分析和控制，通过相关组织活动以实现项目目标。项目管理体系是以项目管理为出发点，依据体系化理论，从项目管理本质入手，对项目管理整体运行进行研究，保证体系的完整性、可执行性和持续改进性特点。项目管理体系既要考虑单项目运行要求，又要从管理单位整体角度进行多项目和集群项目的管理设计，分析项目的核心业务特点，把握项目正常运作规律。但是纵观我国目前工程项目管理的现状，总体水平仍有欠缺，主要存在以下问题：

1. 建设工程项目管理理念略显滞后

由于部分领域对于现代项目管理理念的贯彻还不十分健全，目前人们对于工程项目管理的认识还停留在技术层面上，认为只要不断更新优化施工技术，保证施工安全和施工进度就能保证工程项目顺利完成，并能达成管理目标。但是实际上工程项目管理理念在工程发展中起着重要作用，人们对于其价值和优势的认识还有待进一步提升。在实际工程项目施工中，发包人经常会以施工总承包形式进行发包，以此代替项目管理，这种方式必然会影响到项目管理的有效性。此外，对于工程项目管理的法律制度还不健全，虽然在工程施工方面已经有了相关制度的保障，但是对于工程项目管理创新模式的实施标准还很不明确、具体。

2. 建设工程项目管理体系有待完善

当前我国建筑业企业的工程项目管理体系设置有待完善、体系构成不能涵盖项目管理全部，体系要素之间缺乏高度的一致性。项目管理目标设置缺乏统一标准，各司其职、各自为政的现象仍然存在，专业接口缺乏环节之间的有效衔接造成项目资源浪费。尤其是资源管理、时间管理、空间管理体系往往影响项目正常运行。项目管理制度体系的严密性是项目管理体系健康运行的保障。加强制度体系建设和完善是项目管理工作的重中之重。

建设工程项目管理体系主要包括质量管理体系、安全管理体系、进度管理体系、成本管理体系、环境管理体系、资源信息以及组织协调等管理体系。在运行过程中，往往存在体系之间的冲突。一方面，片面地追求质量可能就要影响进度和成本，追求成本可能就影响质量和进度。另一方面，项目运行过程中往往受环境条件的制约和受环境管理的影响，导致相关目标之间出现不一致或冲突。尤其是在项目全过程运行中安全管理贯穿于项目始终，在安全管控体系的运行下，质量体系、环境体系等可能都要受到影响，所以体系之间的接口顺畅和管理标准的一致性和通用性直接影响到项目是否能够正常运行。

3. 从业人员和企业队伍素质有待提高，结构层次还需优化

主要是由于我国的建筑施工工人大部分都为农民工，文化水平都较低。技术人员流动性非常大，难以进行统一的业务培训，技术水平参差不齐，施工质量难以得到保证，特别是缺乏安全生产管理意识，许多的建筑企业虽然建立了安全生产责任制，但是其现场的管理人员不注重安全生产责任制在施工中的应用，未能真正认识到建筑施工安全生产责任重大，造成施工设计技术方案难以充分实行，导致施工生产安全事故时有发生。施工人员素质较低制约了工程项目管理的发展。

4. 企业管理传统与项目管理方法简单，合同履约纠纷多

传统的建筑工程项目管理，因为没有运用科学先进的管理方法，尤其是缺乏合同履约管理知识，从业人员在实际的工程管理中仅凭自己的经验来开展工作，对于项目细部单价在签订合同时，没有做出详细的规定，对施工单位及材料供应单位不履行的约定义务及索赔等问题也未能界定清楚，造成合同履约纠纷，甚至造成项目管控出现偏差和风险，施工效率受到很大的影响，既延误了工程项目进度，又导致企业的信用受到影响。导致了建设工程项目管理经济效率不高，效益低下。

2.2.3　新时代建设工程项目管理创新发展的举措优化

新时代建设工程项目管理创新发展的关键在于工程项目组织实施模式，质量、安全、进度、成本等目标管控措施，数字化、智能化科学运行以及全过程全方位监管等方面。

1. 深化工程项目管理创新发展的意义

首先是能够全面整合优化资源配置。一个工程项目的成功与否，与其项目的施工资源优化是密不可分的。资源优化可以有效、适时、适量地配置各施工要素，以满足工程项目施工所需。如在人员优化这一环节，不仅要对施工人员进行优化，还应对项目管理人员进行优化，坚持实行"人—证—岗"三位一体，杜绝出现无证上岗、人不在岗、人岗不一等建筑管理乱象。材料优化方面，对于使用量比较大的原材可以与生产厂家建立直接合作关系，如钢筋的采购，由厂家直接向项目供应材料，就可以有效避免市场上以次充好、质量不合适的材料流入施工现场的问题，使工程质量得到保障。可以看出，建设工程中，各个环节中的发展管理都和建筑工程管理的创新发展分不开，包括建筑工程中的人员管理、材料采购、技术方案制定等，这些部分中出现的问题都可以通过对管理的创新得以解决。

这是因为建设工程项目管理创新涉及工程管理的各个环节，包括人员管理、材料采购、技术方案制定等，通过创新管理可发挥管理人员最大的效用，并优化施工技术方案，落实科学的材料管理、安全管理、进度管理、质量管理方法，从而实现资源的优化配置，提高人员、材料、机械设备的使用效率，减少和避免资源浪费现象，创建良好的施工环境。其核心是促进管理科学化创新发展，随着科学技术日新月异的发展，人们对于建筑工程的要求越来越严格，建筑企业要在激烈的市场竞争中脱颖而出，其工程管理模式需要进行与时俱进的创新，不断地引入先进的管理方法和管理技术，可以促进建筑业企业在工程项目管理创新模式方面不断朝着科学化、合理化和先进化的方向发展，以确保建设工程项目的建设与管理更加高效有序。

科学管理、创新发展是建设工程项目管理优化升级的必然要求，尤其在生产力不断提高的新时期，建设工程管理要积极引入先进的科学技术，采用科学的管理方法，更新守旧的管理模式，提高工程管理效率。而创新正是实现建设工程科学管理的有效途径之一，是建筑企业发展的不竭动力，创新有利于完善工程管理体制、摒弃不合理的管理方式，从而提高建筑业企业的工程项目管理水平。

2. 深化工程项目管理创新的重要优化措施

深化工程项目管理创新的核心是加快项目治理体系和治理能力现代化建设。项目治理体系建设可以更好地界定项目利益相关方和各参与方的职能、责任和权力。必须坚持以推进项目经理责任制为核心，在"四控制、三管理、一协调"的管理基础上，重点抓好以下几个方面的措施优化。

一是创新优化工程质量管理措施。

质量管理的主要作用就是要确保建设工程项目竣工交付使用、整体符合国家质量验收标准。工程质量品质关系到企业的生命，成为企业立足市场的根本和发展保证。因此，建筑施工企业要想上层次、树品牌、提高核心竞争力、实现跨越式发展，就必须做好全员质量意识教育，夯实管理制度基础，对工程质量管理措施进行不断优化。按照全面质量管理的原则，首先，要对公司内部的质量管理人员进行定期培训，不但将质量管理的重要性告知每一位受训人员，还要建立完善全员质量管理手册，并搭建"微信平台"，使全体操作人员不断地、自觉地强化自身质量管理意识；其次，必须注重总结实践管理经验，结合深入贯彻新发展理念，进一步明确质量管理目标，坚持质量管理措施先行策划，强化关键部位节点细部做法，实现工程质量全过程监控和结构、装饰、安装一次成优；再就是，以创建精品工程为示范引领，争先创优。全面提高企业和项目部质量管理制度、技术标准、操作规程的执行力度，注重有效运用 BIM 技术，优化施工组织设计，改进工艺方案，形成从操作人员质量监管到生产流程管控闭环式的管理模式，让过程质量清晰、可预见、可管控，高标准、高质量、高效率地完成每一项工程。

二是创新优化安全管理措施。

安全管理是项目管理的重中之重，其主要作用就是通过施工安全保障人民的生命财产安全，从某种意义上来说，亦是企业的生命线。因此建设工程从业管理人员必须要高度重视安全管理的优化工作。第一，要加强安全教育和持证上岗制度，"以人为本"，找准切入点，强化施工人员的执行力，在对施工人员进行培训的过程中要告知每一位受训人员安全生产的重要性，严格实施安全施工方案，在根本上实现"要我安全"到"我要安全"的思想转变；第二，强化生产要素安全管控。围绕人、机、物、环境构成的安全生产要素，制定出科学有效的管理奖惩制度，建立完善安全的管控台账和责任体系，严格施工作业程序和规范行为管理，对于一些不严格执行安全施工方法的施工人员给予一定的处罚，进而提升施工人员的整体安全施工水平；第三，抓好风险评估，做好源头控制，要成立专项监管小组，定期不定期地对施工现场进行检查，同时要充分利用智慧工地、数字平台和网络视频，对施工现场进行全方位的监控和警示。一旦发现安全隐患或施工人员不能按照安全施工标准进行施工的现象，要及时地对其进行纠错并要求其整改，以此做到安全管理有效优化，进而保证施工人员的人身安全。与此同时还要切实处理好安全与生产的统

一、安全与质量的包涵、安全与速度的互保、安全与效益的兼顾，实现四方统筹、互为因果、服务项目。

三是创新优化进度管理措施。

由于工程建设过程的复杂性、工程建设环境的变化、工程建设相关因素的不确定性，工程施工进度需要在施工过程中不断地进行优化管理创新。

第一是认真做好工程的施工准备工作，加强施工组织设计优化，应对工程施工的目标、施工方案以及施工材料进行优化选择，以确保工程施工的顺利完成。第二是采用先进科学的施工方法，要制定切合实际的施工计划，可以通过增加进场的施工队伍，增加施工机械设备的数量，引进先进的施工机械设备，采用先进的作业施工工艺和施工技术，加大现场激励，改善施工作业的外部环境、配套设施来提高劳动效率等方式，优化进度计划。第三是广泛运用 BIM 技术和管理软件，基于 BIM 模型和现场实际施工进度情况建立实时动态进度模型管理，提高对项目的宏观把控能力，精确控制施工进度，优化施工资源。同时，管理人员还要利用 5G 技术快速记录现场问题，利用进度管理软件按照工作性质、工作区域、工作包、时间跨度等对进度计划中的每一天进行进度计算，通过作业之间的逻辑关系、限制条件去推演各作业的预期进展，并展示关键路径，通过平衡、修改、反复后形成闭环管理流程，最终得到优化的进度计划并以此作为进度目标计划。以此目标计划作基础，通过跟踪实际的作业进展，更新作业数据，并与目标计划作比较，发现施工中的不足，评估部分作业的提前、延误对整个进度计划的影响，及早采取应对措施，保证目标计划的顺利实现。

四是创新优化成本管理措施。

成本管理主要的作用就是对建设工程施工项目在实际实施过程中所有的成本发生进行管控。高质量高水平的成本管理不仅可以有效降低建筑企业的总体成本，还可极大地提升企业整体经济收益，提升企业品牌形象。企业和项目部在实际工作中必须按照"目标控制，全面介入，例外管理"的原则，对成本管理方法进行优化。第一，管理人员要准确地认识成本管理的重要性，积极努力地投身于对成本管理优化的工作中，加大施工组织设计方案和工程预算成本目标之间的对比和优选工作，合理结构布局。第二，在成本管理优化的过程中必须结合具体项目，制定出有针对性的优化措施。按照"逐级负责，精打细算，集约增效"的原则，实行形象进度、施工产值及项目各类耗费核计算"三同步"及会计、统计、业务、跟踪"四算"结合的方法，实行成本管理三级责任制，加强成本趋势预测，分解压实经济责任、精准计划工程预算、严格财务收支管控、强化项目成本核算。第三，科学使用成本管理软件，做好企业定额和价格信息库建设，总结和梳理成本发生规律。未来建筑业的发展，概预算定额的作用越来越弱，将更多、更大的空间留给市场。因此，成本管理工作的重要基础就是市场价格，市场价格的关键在于企业自身价格，要求企业能将自身的设备能力、人员素质、作业习性和技术管理水平准确反映在工程成本上，使得成本精准、可靠、全面、适用，既便于招标投标管理，更便于实施全过程的成本管控。第四，转变生产方式，优化工艺改革，创新技术管理。广泛使用新工艺、新技术、新材料和新设备，适时调整成本管理关联之间的搭接顺序，合理投入材料、构件、设备的进场数量，实施限额领料、限额加工、限额使用，合理资源配置，降低空耗时差。

2.2.4　项目管理创新发展必须着力推进"五个加强"

1. 加强完善工程质量与安全生产保障体系是深化项目管理创新的永恒主题

工程质量与安全生产是直接关系到人民群众切身利益和生命安全的头等大事。工程质量的优劣，直接关系到人民群众的切身利益，关系到社会和谐稳定的发展大局。确保建设工程质量和安全生产，不仅是建设问题、经济问题，也是政治问题和民生问题。同时，工程质量和安全生产又是建筑企业的生命，是企业的立身之本。质量可以兴业、安全必然强企，二者是项目管理成功和企业高质量发展的永恒主题。

一是要建立完善的工程质量安全生产管控体系和明确的质量管理目标。工程质量安全生产体系是实现质量保证所需要的一种组织结构，所以，对于任何的施工企业来说，要想促进质量安全管理工作的顺利开展，首先应该保证质量安全管控体系建立的完善性和科学性。完善的质量管控体系，能够覆盖工程质量形成的全过程，并且在实际的质量管控工作开展过程中得到有效运行。科学的质量管理体系可以对施工现场的质量职能进行合理地分配，健全与落实各项管理制度，提高质量管理工作的执行力度。而建立明确的质量管理目标也是十分有必要的，每个施工企业的质量管理工作的开展都应该有一定的目标，如企业为了满足市场需要而创设优质工程，那么就需要设定一个可达成的质量管理目标，在具体工作开展的过程当中要对总体的管理目标进行分解细化，定出每一个分部分项工程的质量目标，在此基础之上，结合每个分项工程的技术要求、施工难易程度以及施工人员的技术水平等，突出质量管理的重点、难点，在工作开展过程当中对分解的质量目标引起足够的重视。总之，建立完善的质量监控体系和明确的质量管理目标，有利于打造直观的质量标准，推动建筑施工企业质量管理工作的顺利进行。

二是严格质量与安全生产全过程细化管理，充分发挥技术进步与管理创新对提高和保证工程质量与安全生产的支撑作用。一个工程项目启动后，必须从项目全生命周期的整体功能和内涵上深刻认识，高度审视质量管理和安全生产对建筑业的关键影响。一方面要狠抓项目建造过程中的严格监控，保证建筑产品优质过硬；另一方面要使建筑产品尽快适应发展的消费市场需求，建立一个更高的工程质量安全标准。这就要求在建筑产品建造中坚持科学决策，设计精益求精，施工精工细作，管理精雕细琢，做到事前按章认真谋划、事中严格过程检查、事后做好总结提高。同时还要充分发挥创建鲁班奖工程的品牌效应，鲁班奖工程是各类工程建设中的精品工程、样板工程、民心工程、节能环保工程、社会诚信工程，体现了我国当代工程建设细部精准、科学管理、弘扬工匠精神的最高水平。创建精品工程和鲁班奖工程必须坚持目标管理、精品创优、过程监控、阶段考核、持续改进、一次成优，把质量管理和建筑节能、环境保护与技术创新贯穿于设计、施工、物料采购的全过程。

三是全面落实质量与安全生产责任制度，严格实行问责制。工程质量和安全生产工作涉及多方责任主体和多个管理环节，是一项复杂的系统工程。为此，要强化责任意识，完善法规制度体系，夯实质量安全基础工作，严格执行国务院颁发的"质量、安全"两个条例。全面落实质量和安全生产责任制度，强化勘查、设计、施工、监理等注册人员的个人责任，进一步合理界定工程监理、质量检测、工程担保、质量认证、质量仲裁等中介机构的责任。明确各相关方主体法律责任，实行责任追究问责制。加大社会综合评价和奖罚力度，充分发挥行业协会和中介机构的市场约束和激励作用。建立和制定科学、规范、公正的质量安全评价标准，加强企业和评价机构的诚信体系建设。努力把握工程建设管理规律，健全和形成工程质量安全的长效机制，确保工程建设领域的长治久安。

2. 加强全过程工程咨询服务，大力推进工程总承包管理是深化项目管理创新的重要举措

建设项目全生命周期工程咨询是国际通行的一种主流建设项目管理模式，也是当前我国建设主管部门倡导鼓励主推的一种为政府和建设单位投资项目代建的有效模式。它有利于在经济全球化和"一带一路"建设的背景下，满足国内外建筑市场大项目、高难度，对建设项目从工程招标投标到建造全过程的法律、技术、经济、信息、人才的高度融合和集约化、一体化、多样化管理服务的需求。但是就我国建筑市场的实际情况看，工程总承包目前已成为建设单位选择的主流模式。它不但从理论和体制上能够克服设计、采购、施工相互制约和脱节的矛盾，使设计、采购、施工等工作有机地组织在一起，整体统筹安排、系统优化设计方案，合理减少资源的浪费。而且经过数十年的实践经验积累，建设单位与承包单位沟通管理相对直接，效果显著，已逐渐被建设单位和社会认可。

工程总承包对项目建设单位而言，将工程的设计、采购、施工全部交给一家单位承包，责任主体明确，大幅度减少了建设单位的工程管理人力投入。有效地优化了项目组织机构并简化了合同关系，合理降低工程造价。同时也有利于充分利用总承包企业的资源，最大限度地降低项目投资风险，确保工程项目高速、优质、低耗地实现，符合国际惯例和国际承包市场的运行规则。

工程总承包对施工企业而言，从过去分阶段管理变为项目全过程管理，促使承包商统筹协调安排，能有效地对质量、安全、成本和进度进行综合控制，缩短建设工期，降低工程投资，保证工程质量，提高经济效益，更加符合全生命周期工程项目管理的社会化大生产的要求。按照建设工程管理体制改革的总思路今后将要积极推进施工图与方案设计合理分离，使施工图设计逐步移至总承包单位，并进入市场竞争领域，为总承包单位实现设计、采购、施工一体化，优化施工方案，实现新技术推广应用和节能、节材降低工程造价提供二次深化设计空间。这既是与国际工程承包方式接轨的必然要求，也是规范国内建筑市场运行秩序、培育发展工程总承包企业、为建设工程提供高端管理和技术服务的客观需要。如中建八局在深圳大运会体育馆施工中与德国公司合作进行施工图二次深化设计，将椭圆形现浇钢筋混凝土结构改为菱形混凝土预制结构，实现现场构件模板标准化和施工装配化生产，减少了施工难度，节省大量的木材，仅此一项节约投资 3000 多万元。又如陕西建工集团承包的西部科技创新港工程，总面积 160 万平方米，由于多个设计单位参与导致建筑外观设计多样化且极不协调，陕西建工集团作为总承包单位对整个设计进行了全面的统一优化，既美观了整体造型，又为建设单位节约了上亿元的投资。

3. 加强依靠科技进步，走绿色低碳发展之路，是深化项目管理创新的引擎支撑

建设创新型企业，加快转变发展方式，促进行业高质量绿色发展，赢得发展先机和主动权，最根本的是要靠科技的力量，最关键的是要提高自主创新能力。

一是要始终坚持把技术进步与管理创新两轮驱动作为企业领先的发展战略。转

变发展理念，加大科技投入，培养和引进高端管理人才，创新研发技术含量人、应用价值高、科学先进的现代化管理方法，不断提升知识产权保护水平，增强企业的自主创新能力，提高国内外高端市场的核心竞争力。

二是健全完善"政府规划、行业指导、企业为主体、科研院校参加的深度融合、良性互动的产、学、研、政科技创新体系"。加快建造技术、信息技术、绿色技术的深度融合，积极推广应用 BIM 技术和建筑业十项新技术为主的创新成果，依托"高、大、难"和"新、特、尖"的工程项目，重点研发解决复杂关键技术，加快促进和实现科技成果转化为先进生产力，以创新驱动引领推动建筑业传统产业改造升级。

三是大力推广应用低碳绿色技术、创新以低消耗、低污染、低排放为主要特征的经济发展模式。要通过低碳技术提升能源高效利用，核心是能源技术与节能减排技术创新。就建筑业而言，就是要在工程建造中运用绿色技术推进绿色施工，做好建筑节能减排工作，最大限度地节约资源和减少对环境有负面影响的施工活动，实现"四节一环保"和"3060"双碳目标。

4. 加强企业全员素质培养，走"人才兴业，知识强企"之路是深化项目管理创新的战略要求

在经济学角度上看，经济增长靠各种生产要素共同作用。一是自然资源，二是资本，三是普通劳动，四是人的技能和知识。所以实施管理高端人才培育战略就是提升和创新项目生产力理论，促进建筑行业劳动密集型向智力密集型转变的重要因素和战略要求。

一是企业管理人员要用现代管理观念提升自己。企业管理人员是建筑企业生存发展的主导者，企业管理人员的素质决定着企业的经营哲学、价值理念、未来发展。因而企业管理人员提升自身素质是做好建筑企业转型升级的关键。这是因为企业最大的危险在于发展战略失误，企业管理人员最重要的能力是战略决策能力，作为市场抵御风险能力较弱的建筑业企业，更要如履薄冰，高度关注这一问题。目前仍有一些企业家还停留在第一次产权改革、施工生产方式变革的时期，用过去的老经验来管理企业、面对市场。在这个每时每刻都在变化的时代，要求企业管理人员必须加强对自身的人力资本投资，积极倡导企业经营管理者的职业化培养，关注新形势，研究新问题，探索新模式，制定新战略。

二是在企业转型升级，实现发展方式转变中把知识管理和人才实践培养作为企

业发展的核心战略。企业间的竞争最终越来越集中在知识学习能力、实践创新能力、知识产权保护能力等方面的竞争。人是生产力中最具有决定性的力量，是知识用于实践的创造者、运用者和传播者。发展知识经济，建设知识型企业，推进建筑业高质量发展最为关键的是突出在实践中培育造就建筑企业高素质管理人才、创新型科技人才、高技能操作人才，要积极鼓励开展全员学知识、学技术和实践技改创新活动，充分调动员工的工作积极性和创造性。尊重员工的劳动，实现企业与员工共同成长，共建和谐，共享发展成果。

三是大力倡导创建学习型企业和项目部。我国大型国有企业在改革和发展中非常重视学习和汲取国际先进经验，国际化大公司，包括高层次承包人有一个共同的特点，就是注重知识的补充、知识的更新，创建"学习型企业和项目部"。大型施工企业要实施"品牌企业"发展战略，在新形势下，转型升级不仅要从劳动密集型向技术密集型转变，而且要把自身塑造成"学习型企业和项目部"，把员工培养成"学习型员工"，善于运用先进文化来推动企业的新发展。在今天中国建设行业进入一个方兴未艾新时期之际，提出创建"学习型企业和项目部"，依靠企业价值观来凝聚思想，依靠诚信理念来规范行为，依靠品牌建设来提升竞争力，以品牌形象展示外在表现，以科学管理为内在要求，以团队建设为重点对象，来实现建筑业"重价值、讲诚信、树品牌"的企业项目文化，建设对进一步发挥凝聚员工、塑造形象、强化管理、推动发展起到强大作用。

5. 加强项目文化建设，弘扬工匠精神，是深化项目管理创新、提升软实力的精神支柱

改革开放以来，建筑业有了飞速的发展，已成为国民经济的支柱产业。我们的建造技术、科研能力、项目管理水平等都有了长足的进步，不少领域已经跻身于世界先进之列，但行业并没有形成完整的共同价值观和行为规则。建筑人的艰辛和付出，建筑业对国民经济发展和城镇化建设的贡献，没有得到社会的普遍了解和应有尊重，其信誉和地位长期处于弱势。一方面，由于不少企业追求品质、诚信经营还只是停留在口头上，没有内化为行为规范，远没有形成职业习惯；另一方面，由于长期以来对文化建设重视不够，致使行业的文化建设严重滞后，缺乏软实力，正能量和主旋律没有得到及时广泛宣传，很多感人的故事报道不足，好事不出门、事故传万家。文化建设已成为建筑业深化项目管理创新、提升项目生产力水平、促进企业转型升级和高质量发展的短板。

一是当前深化创新项目管理提升项目生产软实力，必须加强企业和项目文化建设。企业是有机的生命体，发展既要靠管理硬实力，又要靠文化软实力，特别是项目文化是除人、财、物等生产要素之外重要的软实力管理资源，既包括企业内部文化，又包括建筑产品建造过程的文化内涵。是以企业为主导、以项目为载体的企业文化的延伸和细化，是对企业文化的丰富和发展。企业文化一般指企业长期形成的共同理念，是对企业精神、宗旨、价值观以及经营战略和管理行为的总称。项目文化是企业在工程项目管理的实践过程中形成的，具有五大特征：一是人本文化，二是显性文化，三是露天文化，四是团队文化，五是绿色文化，集中体现了项目管理以品牌形象为外在表现，以创新理念为发展要求，以绿色施工为重点内容，以工匠精神为内生动力，以团队建设为主要对象，以人为本为永恒主体的项目劳动文化。

建筑行业提升行业形象和影响力，根本途径就是要加强企业和项目文化建设，丰富和提升全员的精神文化，培养良好的作风习惯，自觉恪守职业道德与规范。同时，随着改革的深入，将有更多的企业通过兼并重组，形成混合所有制经济。企业的转型升级和融合发展，都涉及理念和思想的深刻变革，更迫切需要先进的企业文化来引领和支撑。特别是随着经济下行压力加大，建筑市场的竞争更加激烈。这种竞争，一定程度上也必然反映在企业文化的竞争，因为一个强大的企业必有赖于自立、自信和自强的企业文化支撑。德国、日本数量众多的百年企业，以及国内的同仁堂、海尔、华为，包括我们行业的中建五局、中建八局等著名企业的实践都充分证明，只有通过倡导脚踏实地、一丝不苟、精益求精、认真做事的工匠精神，从改进行业服务、提高产品质量的角度加强行业文化建设、增强企业软实力，企业才能做强、做大、做优，并能在国内国际市场上立于不败之地。

二是加强建筑业企业与项目文化建设，必须弘扬工匠精神和传承鲁班文化。加强企业与项目文化建设必须大力弘扬工匠精神和传承鲁班文化，这是因为每个行业都有自己的历史传承和文化底蕴。对于中国建筑行业而言，最有代表性的传统文化就是鲁班文化。鲁班文化的鲜明特点具有三大精髓：一是精湛，二是勤奋，三是创新。面对建设现代经济发展体系的挑战，加强企业文化建设，弘扬工匠精神和传承鲁班文化，提升企业软实力，对新时期建筑业持续高质量发展具有强烈的现实意义。

加强项目文化建设，弘扬工匠精神和传承鲁班文化，有利于促进一线操作工人学技术、钻业务，提升行业整体素质，有助于打造一支新型的建筑产业工人队伍。建筑业是一个劳动密集型产业，一线工人素质的高低，直接影响着建筑产品质量和安全生产。大力弘扬工匠精神、传承鲁班文化，表彰建筑业的典型人物，传播建筑业好故事，唱响建筑业好声音，可以引导社会公众改变对建筑业"土、粗、脏、累"的印象，有效提升建筑人的职业声望，在行业内形成一种精益求精、追求卓越的文化氛围，从而吸引更多农民工和优秀的年轻人投身建筑业，激励一线从业者爱岗敬业，踏踏实实学习新技术、掌握新本领，从而为打造一支高素质的新型产业工人队伍奠定基础。

加强项目文化建设，大力弘扬以鲁班文化为核心的工匠精神和传承鲁班文化，有利于提升中国建造品牌的美誉度，助推建筑企业紧紧围绕"一带一路"经济圈更好地实施"走出去"。发扬中国工匠严守规矩、精益求精的良好风尚，确保国际建设工程质量和安全生产水平的提高。把中国优秀的传统文化和精神遗产与时代脉搏相融合，形成独特的行业特色，以务实创新和追求卓越的品牌形象，提升建筑业企业在国际市场的核心竞争力，以诚信执业和合作共赢的恢弘胸怀，提升"中国建造"品牌的美誉度，承建一项工程、总结一批成果、赢得一方市场、结交一方朋友，助推建筑企业转型升级和高质量发展。

2.3　建设工程项目治理体系与治理能力现代化建设

党的十八届三中全会通过的《中共中央关于全面深化改革若干重大问题的决定》明确提出，"全面深化改革的总目标是完善和发展中国特色社会主义制度，推进国家治理体系和治理能力现代化。"这一总目标的设立，是对我国改革开放35年来的经验总结，也是对各领域改革目标的科学提炼，为我国未来全面深化改革指明了方向。其中，"国家治理体系"和"治理能力"的概念是我党首次提出，也是党的十八届三中全会的一大亮点，体现了党的政治智慧和勇气。党的十九届四中全会又提出"坚持和完善中国特色社会主义制度、推进国家治理体系和治理能力现代化是全党的一项重大战略任务"。强调要以更大的政治勇气和智慧，不失时机地深化重要领域改革，坚决破除一切妨碍科学发展的思想观念和体制机制弊端，构建系统完备、科学规范、运行有效的制度体系，特别是要加快形成科学有效的治理体系，创新社会治理，提高社会治理水平。

"治理"是一个古老的词语，中国历代都讲治理，并且积累了大量国家治理的智慧和经验，但这个概念在近二三十年被赋予了许多新的内涵。与传统意义上的"管理"相比，现代政治学和行政学等研究将"治理"拓展为一个内容丰富、包容性很强的概念，重点是强调多元主体管理，民主、参与式、互动式管理，而不是单一主体管理。作为全面深化改革总目标的"国家治理"，是党关于全面深化改革的思维体系、话语体系和制度体系中的一个核心范畴，是一个重大理论创新。"治理"要体现四个统一：党和政府的领导与多元主体参与公共事务决策的统一，法治与德治的统一，管理和服务的统一，常规管理与非常规管理的统一。

"治理"这是一个概念的提出，从社会管理到社会治理彰显了党和国际执政理念的升华、治国方略的转型，必将对我国经济社会发展及新时代各行各业高质量发展产生重大的影响，具有深远的历史意义和很强的现实指导意义。从传统"管理"到现代"治理"的跨越，这一关键词的改变，是治国理政总模式包括权力配置和行为方式的一种深刻的转变。这是生产力对生产关系、经济基础对上层建筑的必然要求。从"管理"到"治理"的跨越，说明我国将在完善和发展中国特色社会主义制度方面，在推进国家治理体系和治理能力建设方面，采取具有革命性的变革。

国家治理体系和治理能力现代化作为全面深化改革的总目标，定位明确，内涵丰富。"治理体系现代化"宏观上主要是指处理好政府、市场、社会的关系。在经济治理体系中，就是要按照政府调控市场、市场引导企业的逻辑深化经济体制改革，发挥市场在配置经济资源中的决定性作用。"治理能力现代化"是要把治理体系的体制和机制转化为一种能力，发挥其功能，提高公共治理能力。

结合建筑业改革发展的实际适应国家重大问题，以推进治理体系和治理能力现代化为视觉，对推进建设工程项目治理体系和治理能力现代化建设进行深入的研究，并提出其框架体系和实施路径也必将成为新时期建筑业创新项目管理的迫切要求。

2.3.1 建筑业推进项目治理体系和治理能力现代化的作用与必要性

"治理体系现代化"和"治理能力现代化"的关系是结构与功能的关系，硬件与软件的关系。治理体系的现代化具有本质属性，是治理结构的转型，是体制性"硬件"的更换。只有实现了治理体系的现代化，才能培养治理能力的现代化。同时，治理能力又反作用于治理体系，执政者、行政管理人员的能力强不强，作用发挥得好不好，对治理结果会产生积极或消极的影响。

建筑业是国民经济的支柱产业，在经济社会发展和城乡建设中是一个重要的物质生产部门，具有重要的位置。当前在大力推进国家社会治理体系与治理能力现代化过程中，建筑业更有必要以创新发展的思维率先垂范、乘势而上，在研究推进工程建设领域治理体系创新与治理能力现代化上蹚出一条新路，发挥更大作用，书写当代建筑业高质量发展的新篇章。

城乡建设特别是工程质量关系到人民群众的切身利益和生命财产安全以及社会和谐稳定的发展大局。每一项建设工程项目的启动，从社会和政府层面，涉及投资立项、规划许可、征地拆迁、工程招标、总工验收、技术资料存档等；从行业和企业层面来讲，涉及工程项目的建造方式、生态环境保护、建筑材料生产、建筑产品质量等。归根结底，一项合格或优质的建筑产品最终完成在于项目的成功管理。这就要求建筑业在推进行业治理体系和治理能力现代化过程中，有必要首先把建设工程项目管理体系创新和提升项目治理能力现代化水平作为重中之重。将工程项目建造过程、制度建设、机制改革、体系完善、管理创新、服务方式等多方面联合发力，良性互动，形成共建、共治、共享、共赢的新型项目治理格局。这不仅为建筑业依法、依规、依标、依制深化创新工程项目管理，提升项目生产力水平，促进高质量发展提供了科学的治理体系保障，更符合建设工程项目优质产品满足人民日益增长美好生活高品质宜居的需求。所以我们说从 20 世纪 80 年代推进建设工程项目管理体制改革，解放和发展项目生产力水平，到今天推进项目治理体系建设和提升项目治理能力现代化水平，将成为新时代我国建筑业深化工程项目管理优化升级和高质量发展的重要标志，也是建设工程项目管理利益相关方创新履行社会责任的应有之义和使命担当。

2.3.2　治理与项目治理理论的研究要义归述

"治理"（governance）原意是指控制、引导和操纵的行动和方式，治理理论广泛应用于政治、经济、文化、管理等社会科学研究领域。20 世纪 90 年代在全球范围内逐步兴起的。按照治理理论当时的主要创始人之一詹姆斯·N·罗西瑙的观点，治理是通行于规制空隙之间的制度安排，或许更重要的是两个或更多规制出现重叠、冲突时，或者在相互竞争的利益之间需要协调时所发挥作用的原则、规范、规则和决策程序。按照全球治理委员会的定义，治理是或公或私的个人和机构经营管理相同事务的诸多方式的综合，似是相互冲突或不同的利益得以调和并采取联合行动的持续过程。此后治理理论经过多年的探讨和研究得到了一定的丰富和发展。

项目治理是治理理论一个重要的研究分支，是治理理论与现代项目管理相结合而产生的一种新理论。项目管理和项目治理应该都属于公共管理学范畴。目前，学术界对项目治理的定义尚未达成统一的意见，对项目治理的阐述也不尽相同。一部分学者认为，治理是过程方法论，正如上面所用的全球治理委员会的定义；另一部分学者认为治理的实质是一种机制和制度。较为客观的看法认为，项目治理是一种组织制度框架，是一系列有关责、权、利关系的制度结构，相关方通过它产生了交易项目治理，是为了高效地实现项目目标，确保项目的成功。是一系列具有明确关系与结构的管理制度、规则和协议，并为项目的发展与实施提供框架，以实现既定的管理战略和目标。

最具代表性观点认为，项目治理是一系列的组织活动，在规定时间内将项目交付使用，使项目各个参与方达到利益的最大化。此外，根据项目治理过程性的特征，相关方对项目治理角色关系的过程，这种过程可以降低相关方的风险，从而为实现项目目标提供可靠的管理环境。项目不可能由单一的个体或组织独立完成，项目的参与方众多，这就增加了项目的复杂度，不可避免地产生一些矛盾与冲突，这就需要协调参与方之间的关系，化解相互间的利益冲突，在制度层面规范各自的认识和行为。

结合我国近 40 多年来工程项目管理的实践探索，项目治理应该是一种在坚持执行、项目发展、充实完善和创新建设工程项目管理已形成的成功经验与管理制度方针基础上，与之建立形成较为科学系统、覆盖整个工程项目全生命周期的复合组织治理模式与治理框架体系。而这个框架体系必须建立在项目经理部和项目经理提供管理项目的决策模式与制度建设、建造流程和管理工具对项目进行监管的支持和控制基础上，以实现工程项目的成功交付，充分体现项目各参与方和利益相关者之间的责权利关系的制度保障框架体系安排。因此，项目治理应是一个静态和动态结合的过程，静态主要指制度层面的治理，动态主要指活动包括德治、自治层面的治理。主旨是恰当地处理项目参与方不同利益主体之间的监管责任、激励措施、风险分配与成果共享等问题。最终通过共同治理实现项目最佳的效益目标，这是项目治理功能的本质性内容。

项目治理给项目团队提供了一个工作制度框架，项目经理和项目团队应该在项目治理框架和时间、预算等因素的限制之下，确定最合适的项目实施方法，负责项目的规划、执行、控制和收尾。在这个治理过程中进一步界定明确项目治理谁应该参与、升级流程、需要什么资源以及通用的工作方法。从另一个角度讲项目治理是一种明确利益相关者权利、责任和利益等关系的制度安排，以确保项目在整个生命周期内顺利高效地进行，调解各利益相关者的矛盾与冲突，优化配置项目资源，最终实现项目目标以及使各利益相关者的需求得到满足。

为什么要研究治理及项目治理，可以说管理学界研究范式根本转变，从传统的职能式管理转向"基于项目"的管理范式，是为了满足国家、社会和企业发展战略需要提出的。项目管理的范围局限于项目本身，是针对项目内部而言的，强调以单一项目为中心的具体管理过程，项目经理作为管理组织中的核心，其职责是要实现项目控制的三大目标。随着经济全球化进程的加快和对现代管理理论研究的深入，传统的管理模式已受到越来越严峻的挑战，把项目管理提升为一种以企业战略目标和企业资源总体规划指导下的项目组合管理的理念逐渐形成，"治理"便成为新的研究热点。

2.3.3　项目管理与项目治理的区别

项目管理和项目治理都是以建筑业企业的工程项目管理为对象，通过不同角度和方式实现项目的总目标。项目管理与项目治理虽有一字之差，但其内涵却有着明显的区别。

1. 项目管理

管理是一种以绩效、责任为基础的专业职能，管理就是决策。管理就是根据一个系统所固有的客观规律，施加影响于这个系统，从而使这个系统呈现一种新状态的过程。管理是社会组织中，为了实现预期的目标，以人为中心进行的协调活动。项目管理是管理学的一个分支学科，是指在项目活动中运用专门的知识、技能、工具和方法，是项目能够在有限资源和特定条件下实现和超过设定的需求完成的一次性任务。为达到项目相关方对项目的要求与期望而开展的各种计划、组织、领导和控制等方面的活动。由此可见，项目管理是技术层面的活动，是一种具体的技能和方法。在这个活动过程中项目管理办公室（Project Management Office，PMO）起到了重要的作用。

通常我们把工程项目管理作为一元化主体，多为扁平化管理。项目管理的组织机构是项目经理部，其核心是项目经理责任制。工程项目管理作为一次性的建造活动，是为了实现工程项目目标而进行的决策、计划、组织、指导、实施和控制全过程。国家建设主管部门对工程项目管理（Project Management，PM）的定义是指从事工程项目管理的企业受业主委托按照合同约定，对工程项目的组织实施进行全过程或若干阶段的管理和服务，以保证项目在设计、采购、施工、安装调试等各环节的顺利进行。

2. 项目治理

治理是一种优化、良性、多元化、多角度的管理，是一种提升，内涵更全面。项目治理凌驾于项目管理之上，是以制度为基，法制为本，德治为序，协同并举，全面指导、规范、提升项目管理活动的功能和过程，是一种引导、激励、规范、协调项目利益相关方权、责、利等关系通过共治成功实现项目交付使用的制度方针和框架体系安排。

工程项目治理一般是偏向多元性，是一种更能够体现和充分发挥扁平化管理效能，通过巩固执行、完善创新制度建设和发挥人的主观能动性、积极创造性和自律性来进一步落实执行细化项目管理各项工作，做到制度强制约束和德治育人管理双管齐下，相互渗透融为一体，推进和提升项目管理水平和治理能力现代化建设的过程。相对项目管理而言，项目治理具有内容丰富、包容性强的特征，它是以治为主，需要多方共同参与，带有制度化、法治化、系统化、德治化、现代化。强调其整体性、沟通性、协调性、先进性、共赢性。项目管理是项目治理的基础，项目治理是对项目管理的细化与提升。一个项目，虽然制定了好的制度，但制度不能得到执行，制度也就转换不成治理的效能。这就告诉我们如果缺乏良好的管理制度和模式，它就不可能建立起一套好的治理体系；同样地，如果只单纯的强调治理体系建设而忽视对项目管理制度的完善和模式的创新，也只能是一朵缺少实质性内容的"镜中花"。项目治理只有在良好的管理制度、框架和模式下，明确各方责任，进而形成整个项目治理运作过程的框架体系，才能成功实现项目的管理目标。

另外，工程项目治理按照参与项目各利益相关方的管理职责要求应该是从业主到勘察、设计、监理、施工的五方责任主体。如果单对承包商来讲，项目治理必须是要从公司层次的纵向与横向全方位展开。加强项目治理体系和治理能力现代化建设折射了项目管理不断深化创新和全面提升的历史性进步。

3. 项目管理与项目治理两者的不同

工程项目治理是一种制度框架体系安排，而工程项目管理为一种管理技能和方法，这是两者间的主要区别和不同点是：

（1）目标要求不同

项目治理是一种制度框架，体现了项目参与各方和其他利益相关者之间权、责、利关系的制度安排，在这种制度框架安排下完成一个完整的项目交易，主旨是恰当地处理不同利益主体之间的监督、激励、风险分配等问题，这是项目治理功能的本质性内容。

项目治理的目标是平衡各参与方的权、责、利安排，从而使各参与方不同的项目价值观达成共识并圆满得以实现。

项目管理则是在此制度框架下，各个实施主体运用各种项目管理技术、方法及工具具体地实施项目。缺乏良好的项目治理的项目，即使有很好的项目管理体系也是无法实现项目价值的；同样，没有项目管理体系的畅通，单纯的项目治理也只能是空中楼阁，而缺乏实质性的内容。项目治理和项目管理两者均是为了有效地创造项目的价值，只是各自扮演不同层次的角色，只有将两者很好地结合起来才能真正实现项目的价值。

项目管理的目的是实现进度、成本、质量、安全等规定范围所制定的目标。项目治理除了确保成功实现项目目标，还要确保项目各参与利益相关者的利益与社会效益。

（2）责任主体不同

项目治理，从项目管理概念中抽离，是各利益相关者从各自的角度对其项目管理的管理。项目治理，在以组织和制度的制约下实现治理主体的管理目标，即发承包合同约定的项目目标。项目治理的对象不是具体的管理工作或资源，而是项目管理的主体，即项目管理机构和项目管理责任人，也就是说项目治理的对象是组织和人，它通过组织制度及纲领性文件，规范、约束和提升项目管理行为，同时在实施过程中不断地监督执行。

项目治理是为了明确各利益相关者权、责、利的制度安排。在治理过程中，各个利益相关者在各自职责管理目标范围内参与其中并且发挥专项治理作用，从而成为各自专业项目治理的主体。对项目管理而言，项目经理是企业在项目上的全权委托人，是项目管理的第一责任人，是项目目标的全面实现者，其必然也就成为项目管理的主体。

（3）针对对象不同

项目治理是各相关利益者参与项目治理专业层面的内容。是在整个项目运作基本制度框架体系上，按照各自专业职责范围和治理对象建立起的互动合作关系，并以此为基础，通过项目治理活动和方法，促进和分别实现项目在进度、成本、质量安全等方面的目标完成，以确保项目的成功。项目治理是治理主体按照合同约定，对工程项目的组织实施进行全过程或若干阶段的治理和服务。项目治理组织按合同约定，处理工程项目的总承包企业或勘察、设计、供货、施工等实施主体之间的关系，并监督各自合同的履行。

项目管理则是项目经理受企业法人代表委托对某一项目从开工到竣工交付使用、进度、质量安全、成本及现场生产要素配置全过程的管理。

（4）履约途径不同

依据不少专家的观点，项目治理强调的是基于项目各参与方与业主的契约安排以及激励机制的设计，以解决项目参与方之间存在的信息不对称和激励不兼容问题，调整相互间的利益关系；项目管理是在项目经理领导下为了达到项目的目标，关注项目团队应该做什么、怎么做，重点强调为达到特定目标应选择的理念方法、手段和管理技术。

4. 项目管理与项目治理相辅相成、互为促进

工程项目管理和项目治理虽有诸多不同点，但本质上又处于相辅相成、互为促进构成了治理体系的内在关系。良好的治理结构和先进的管理制度及工具能够帮助组织解决流程和资源之间、多样化目标之间的冲突，从而避免浪费资源，提高项目效率。缺乏良好的项目管理制度即使有很好的项目治理体系也无法实现项目价值，就像地基不牢固的大厦是很危险的。同样没有较为科学完善的项目治理体系与项目管理制度建设深度融合和畅通，单纯的项目治理也只能是一张美好的蓝图，而缺乏实质性的内容。所以项目治理和项目管理两者均是为了有效地创造实现项目的价值，只是各自扮演的角色不同，只有将两者很好地结合起来，才能真正实现工程项目的最佳价值。从本质上看项目治理则是一个左右与上下沟通协调、良性互动的管治过程，主要通过项目各利益相关方切实履行主体责任，建立伙伴关系，加强合作协商共赢，运用现代化管理方法，共同努力更好地完成工程项目管理目标。

2.3.4 工程项目治理框架体系构成的关键要素

建设工程项目治理理论研究充分体现了科学化、现代化的创新理念，为新阶段运用现代管理技术和先进方法对工程项目进行全员、全方位、全过程的管控，并为建立相应的治理体系奠定了基础。其要点就是要在全面贯彻落实国家治理战略和相关政策法规的同时，紧扣建设工程项目经理责任制这一基本制度，通过巩固完善、遵守执行、提升发展各项项目管理制度水平，强化和形成项目管理过程规范化、标准化、精细化和个性化发展，多角色、多元化完整闭环系统的治理框架体系。应该

说它是建立在制度化、标准化、规范化，精细化、个性化、现代化乃至着眼上升到国际化发展基础上的复合型监管和治理制度的综合，最大限度地减少管理所占用的资源和降低管理成本为主要目标的治理方法，其本质也是一种对企业战略和项目目标分解细化和落实的全方位体系化保障过程，是让项目参与方的不同企业战略规划能够有效贯彻实施到参与某一项目每个环节并发挥助推作用。是以工程项目为对象，制度化为基础，标准化为尺度，规范化为前提，精细化为保证，个性化为需求，数据化为依据，信息化为手段，体系化为保障，现代化为目标，国际化为方向，把服务者的焦点聚集到满足被服务者的需求上，以获得工程项目更高的效率，更强的竞争力。

项目治理所涉及的核心内容：

（1）项目成功标准和可交付成果验收标准；

（2）用于识别、升级和解决项目期间的问题的流程；

（3）项目团队、组织团体和外部干系人之间的关系；

（4）项目组织图，其中定义了项目角色；

（5）信息沟通的流程和程序；

（6）项目决策流程；

（7）协调项目治理和组织战略的指南；

（8）项目生命周期方法；

（9）阶段关口或阶段审查流程；

（10）对超出项目经理权限的预算、范围、质量和进度变更的审批流程；

（11）保证内部干系人遵守项目过程要求的流程。

1. 项目治理的制度化建设

治理工作的前提是有一套系统完善的项目运行和评价制度体系，在制度体系的运行约束和规范下，使得项目实施或控制的每一个环节得到干预。制度本身是来自成功实践经验和管理方式的转化变革而形成。制度化管理是企业和项目分别为项目治理铺垫的一个基础，是企业实行法治化管理和项目治理的基本准则。是以企业各项管理制度为标准，丈量企业和约束员工的行为。对工程项目而言，其实质就是依靠由企业和项目制度建设到规范体系构建的具体客观性的体制机制来进行科学管理，也是项目体系建立和有效运行的根基所在，在推进项目治理体系与治理能力现代化建设过程中必须自始至终坚持巩固好、遵守执行好、完善健全好有利于企业发展和项目管理成功的各项制度，并使其转化为项目治理的效能。

2. 项目治理的标准化推进

项目治理应按照一定的准则来运行，其准则在很大程度上取决于项目运行各环节、各阶段以及各个关键性控制点有严格的实施标准。标准的实质就是规则，是项目实施必须遵循的准则和依据，虽然标准的性质有范围分类，对象及法律约束性分类，尽管分类方法、适用范围和对象不同，但目的都是为获得秩序运作流畅，效益显著。标准是通过对各相关制度进行梳理、总结完善、分类有序而形成的。标准化是规范化管理的基石，是在统一的管理制度和流程化、数字化基础上以获得项目管理的最佳生产秩序和效益为目标，对项目管理和工程项目建造活动中相关事务重复和制度潜在问题进行优化，通过制定、发布、实施统一的标准及贯彻落实国家行业标准规范的活动过程。它是推动项目各实施系统工作流程的简化，是衡量一个企业科技进步与项目管理水平的重要标准，是项目治理体系建设和治理能力现代化的核心内容。项目管理的最佳生产秩序就是通过实施标准使标准化的对象有序和秩序化程度提高，发挥最好的效能。社会上有些观点认为"三流企业卖苦力，二流企业卖产品，一流企业卖专利，超级企业卖标准"，这就是实施标准化管理工作和战略的缘由和意义所在。因此在项目治理过程中要大力倡导推行标准化，按标准化的对象和作用分类制定项目管理规则，以有序地改进项目实施过程和服务质量，实现项目管理成果升级。制定相应的标准化程序，成为相对稳定的行动纲领和能与各实施主体共享的准则，从而达到提高互换性和利用外部资源的能力与项目效率和管理协作的治理能力。新时代推进治理体系建设和治理能力现代化都需要标准化作为其坚固的基础，尤其是在信息时代，标准化自然成为项目治理的核心。

3. 项目治理的规范化运行

规范化运行是在现有标准基础上严格实施，对照标准管控实际和实施过程，就人员的行为、工艺实施过程以及质量管控严格执行既定标准，规范运行。规范是在标准的前提下，是要求行为执行标准，从而达到规范。规范化和标准化在本质上区别并不大，但在项目治理体系建设中讲规范化管理应是制度化和标准化管理层面的有序提升，是项目治理体系创新的关键内容。其特征强调必须有一套系统的价值观体系，对项目管理活动起到整合作用。尽管规范化管理最终也要落实到制度化和标准化管理层面上，但并不等于制度化管理，它包括首先要制定部门职能与职责，其次建立运行规章制度，理顺管理运作流程，形成工作标准，坚持业绩逐级考核，是一种行为规范化、管理制度化、流程标准化、检查常态化、工作习惯化的科学管理方法。其内涵是项目管理主体在规范化和标准化管理基础上对生产流程、管理科学流程进行科学细化和合理优化不断升级的过程。

4. 项目治理的精细化管理

精细化管理是一种管理理念和项目文化。有了制度和标准及规范，企业能否贯彻、执行、落实好，最关键的是要精准管理对象，调整管理流程，强调全员参与、全过程细化。精细化管理是项目治理体系建设创新的内在要求，其以"精、准、细、严"为原则，实现社会化大生产和社会分工细化，对工程项目进行全过程、全方位、全面的现代化管理。它包括落实管理责任，将管理责任具体化、明确化，用最具体明确的量化指标取代笼统模糊的管理要求和一般制度，充分体现了由粗放式管理向集约化管理的根本转变，由传统经验式的管理向现代科学化管理的根本转变。企业和项目要成功，需要这种有效运用文化精华、技术精华、智慧精华的强力指导，以切实提高建筑项目生产力水平，促进建筑业高质量发展，因而精细化管理是项目治理体系建设与创新的必然要求。

项目治理的精细化是在标准化和规范化管理的前提下，对人的行为、物的状态、生产过程细节以及最终的成果体现精准细致、精益求精的原则。要把管理工作的重点和关键性控制点细化到每个过程的每一个关键环节。如大体积混凝土浇筑，从场地清理到基本条件的具备，应细化到模板的支设、模板表面的处理、模板缝的封堵、钢筋的绑扎就位、精准的定位以及混凝土浇筑的分区、分段、浇筑的流量幅度、架体平衡以及最终的养护、拆模、过程监控等一系列环节作为控制的主要关键点。由过去粗线条的控制工作转变为精准细致的治理工作。细部的环节得到了有效控制，总体的质量就能够确保，效益和进度以及其他方面都能得到实质性的改善。

5. 项目治理的个性化激励

个性化管理，顾名思义就是非一般大众化的独特管理。它是基于管理对象的实际和不同特点，从管理起点开始到过程，以及到目标的实现，采取不同的方法和激励措施，给予被管理者独特的优质服务，是一种因时、因地、因材、因过程和结果而进行的独特的管理方式。其目的就是立足于能够将管理者和被管理者有效地协调起来，以达到人的自我价值的最大化，从而保证工程项目目标和效能的有效实现，最大限度地发挥开发管理者的最大优势和潜能，使之更富有积极性、创造性和先进性，为企业和项目做出更大的贡献。一方面，个性化管理是项目治理体系过程中非常重要的不可缺少的组成部分。这是因为每个项目在制定其管理制度流程和方法时都必然要考虑本实施主体和项目所具有的实际情况，不宜一味地照搬照抄现成或别人的东西。同样一种制度在其他主体或某一项目适用，可能在另一个主体和项目上反而起到反作用。另一方面，个性化管理强调在管理中充分注重人性的要素，充分开发挖掘人的智慧潜能，发挥人的主观性、能动性。创造性会给项目治理优化提供个人成长和发展的机会，也为项目主体与个人在科学管理上实现双赢提供一个平台。

项目治理在严密的制度和标准规范运行的基础上，强化项目实施环节中的规范运行。同时，项目治理应体现对个性化的激励原则，要充分体现在过程环节中实施工作、管理工作、技术工作的创新。尤其是在具体实施过程中，针对方案优化、决策优化、管理线路优化以及作业效率、作业质量和作业水平提升等方面倡导个性化体现。要充分挖掘项目运行过程中的个性资源，通过创新更好地促动项目实施的效率和效益提升。

6. 项目治理的体系化保障

项目治理体系与治理能力现代化需要有一个长效机制和体系做保障。这个机制来源三个核心要素：一是依赖于从企业到项目的基础性制度化建设，再到标准化推进、规范化运作、精细化管理和个性化渗透，这样一个全方位、多层次的治理内容和结构组织；二是高度重视人才资源和社会保障，通过优秀高素质的管理技术人才和精干高效的组织机构建设匹配实施；三是营造良好的治理环境氛围，步步为营，持续项目迭代优化。总的就是要依据运作流程和治理体系现代化建设的要求去实施，其中包括明确目标、拆解问题、细化方案、落地执行、管控考核、结果反馈、总结提升。以切实提高工程项目治理现代化建设效能和全体员工参与项目治理的责任感和使命感。

7. 项目治理的现代化提升

加快项目治理体系现代化建设，其实质是项目管理由低级向高级优化升级的突破性变化，最终目的是在于提升项目治理和治理能力现代化水平，是推进和实现建筑产业现代化的必然要求。项目治理现代化建设必须坚持以工程项目为载体，以系统论为基础，以集约化为原则，在依制（制度化）、依标（标准化）、依规（规范化）

治理的同时，要与时俱进引入科技创新驱动，广泛运用新信息技术和数字技术，通过"互联网＋"实现工程项目"互联协同、绿色建造、资源优化、智能生产、智慧治理和管理升级"，以切实提高项目生产力水平，确保每一个工程项目建设都能达到共治、高效、优质、低耗的最佳经济效益和社会效果，全面促进新阶段建筑业高质量绿色发展与企业转型升级。

8. 项目治理的国际化贯通

国际化管理实质上是某一产品的制造或建造过程所形成的管理标准、规范和方式，能够适应不同地区和国家相关行业的要求。推进项目治理体系创新的方向目标，就是要将治理体系建设升华为国际化发展的需要。换言之，就是要将我国建筑产品在建造过程中形成的管理制度、技术标准、行为规范和运行方式，能够被大多数国家承认，成为与国际化接轨的标准，以实现我国工程项目治理体系和经济全球化与项目管理国际化发展深度融合接轨。其实，我国建设工程项目管理从当初学习推广鲁布革工程管理经验开始，先后经历了一个学习推广、实践探索、提高完善和创新发展的过程。从学习"国内工程国外打法"到今天"国外工程国内打法"，建立形成了一整套既适应于中国建设工程项目管理实际又符合国际项目管理发展趋势的"三位一体"、"四控制、三管理、一协调"及"四个一的项目管理总目标"的中国建设工程项目管理新型运行体系，特别是面向经济全球化背景下的"一带一路"建设，就是要通过实现"五通"，加快我国基础设施建设开发模式、施工技术、规范标准与沿线国家发展需求的深度融合和输出，为我国工程项目管理创新与项目治理体系和治理能力现代化赋予新的内涵。充分体现新时代"中国建造"管理理念、管理技术、管理机制和管理模式的自主创新能力，有效地促进了我国建设工程项目管理与项目治理能力现代化向国际化发展。

综上，推进工程项目治理体系和治理能力现代化是一个企业和项目管理制度完备程度和执行能力全方位提升形成有效制衡机制的集中体现。一是制度化约束就是要求企业和员工树立制度意识，发挥制度优势，坚持制度管事，在制度面前人人平等，不允许任何人有超越制度的权力；二是推进治理体系建设和治理能力现代化必须坚持社会治理、企业治理、项目治理有机结合，以制度进行行为约束，以德治加强员工引领，激励与责罚并重，为推进治理体系和治理能力现代化提供良好的环境和条件，建立和完善规范的公共秩序；三是协同推进、良性互动的项目治理体系是一个有机的整体和系统，从项目各参与方的不同企业到项目各层次、项目参与各相关利益方，按照职责规定要求共同围绕统一的项目管理目标，做到优势互补、相互协调、合作共赢；四是重在工程项目效率提高。推进治理体系建设和治理能力现代化，最根本的在于各项制度保障有利于企业持续发展，有利于提升项目生产力水平和项目获得最佳效益，有利于履行社会责任，切实地将制度化建设转换为治理效能。

基于上述要素所涉及的工程项目治理体系框架如图 2-7～图 2-9 所示。

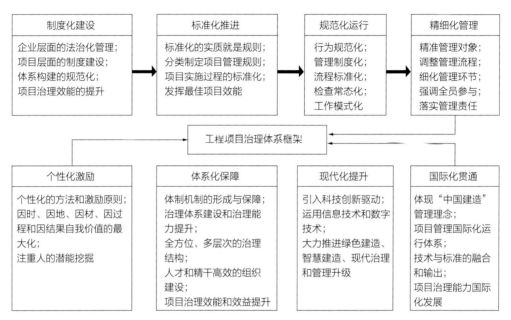

图 2-7　建设工程项目治理体系内容图表

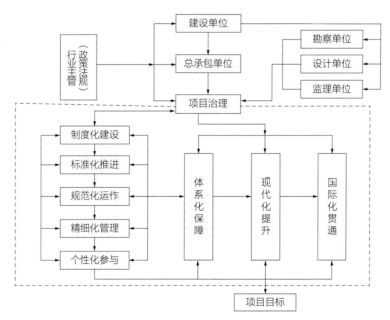

图 2-8　建设工程项目治理体系框架构建图

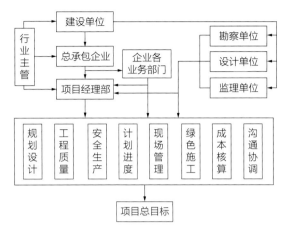

图 2-9　建设工程项目治理体系推进实施图

2.3.5　基于工程项目的内部治理和外部治理

项目治理在结构上大致可以分为内部治理和外部治理。内部治理直接反映了投资建设主体和其他内部决策过程利益群体之间和所有利益相关者参与的项目管理方法和手段。其他利益相关者通过项目的外部治理环境来直接约束项目利益相关者。内部治理主体包括业主单位、建筑企业、资讯管理公司、使用机构和分包商等；外部治理主体包括政府监管机构、相关的外部市场机制及第三方和公众。需要注意的是这些要素的运行是基于双向制约的形式。

1. 基于委托—代理的工程项目治理结构

有效的治理结构应该让最能干、最热情并最具优秀能力的能决策的人来施行，从而实现资源、能力和态度的有效结合。对于一个大型工程项目来说，需要代表不同的利益相关者参与，从而实现项目内部不同因素所有者之间的合作。所涉及的利益相关者有直接利益相关者（如项目投资人、项目建设负责人、设计单位、承包人、监理单位或咨询机构等其他相关利益者）和其他相关利益群体，他们相互之间形成了多级委托—代理的关系。如何确立代理人和委托人之间合同的决定要素，其焦点在于寻找代理成本最低的可观测合同。《建设工程项目管理规范》提出利益相关者管理，使组织从成本、质量、服务和速度方面得到了跨越式的改善和提高。基于利益相关者理论的工程项目治理机制在强调各参与方互相协作的同时，更加关注项目的整体执行情况，在保证各方利益的前提下，建立起以项目管理企业为中心的项目治理机制，促进各方交流，更好地实现预定目标。

2. 基于代建制的工程项目治理模式

从项目管理的角度来看，代建制促进了工程项目管理工作的社会化、专业化和职业化。在代建制项目运营管理中，委托代理理论的核心是其探讨了委托代理框架的优化设计激励方案。委托人应建立一套能有效约束人们行为的体制，构建一个与项目群治理体系相适应的集成管理整合模型，划分出组织管理、制度建设和集成管理三个可延伸的层次。激励代建人根据客户的目标努力工作，实现利益最优。进一步通过社会信息平台，使得公共项目管理与项目治理的各类因素融入项目环境中的社会关系，从而，项目关系治理便成为项目治理重要部分。

2.3.6 项目治理体系创新和治理能力现代化建设的方略与要求

项目治理结构是治理制度体系的框架，是项目各参与方构建的一组契约关系。当它与周边经济、市场和自然环境相匹配时，它就能充分发挥出应有的效力。

1. 治理角色分析

项目的利益相关者是项目治理的主体，治理结构是其契约关系的表现形式。项目参与方的数量越多，他们之间的利益关系就越复杂，从而直接影响项目治理结构的复杂度。可见，明确项目的利益相关者是构建治理结构的首要任务。从微观层次上对建筑项目的全生命周期进行治理分析，并根据治理主体之间的相互关系，认为项目治理由垂直和水平两个治理维度组成。其中，垂直治理是指与业主签订合同的主体，比如总承包商、建筑师、供应商等；而水平治理主要是市场环境方面的治理。工程项目治理结构体现了工程项目主要利益相关者如投资人、建设方、承包人、供应人、咨询机构之间权、责、利关系的制度安排，并构建了工程项目治理结构图。项目治理结构中一般包括公司层治理、公司环境治理以及单个项目治理的三个层次。项目治理结构也可以区分为内部治理、外部治理和环境治理三部分，它们相互影响、相互制约，是一个有机的整体。

合同和契约是维系各个利益相关者在项目中所处角色的纽带，明确了各自的权利、责任和利益。利益相关者通过合同和契约建立起各种委托代理关系，比如，发包与设计、承包人、供应人之间，都或多或少地存在着这种关系。按照委托代理理论，委托人和代理人之间存在着信息不对称和激励不兼容的问题。项目治理结构就是要设计一套控制和激励机制，缓解委托人和代理人之间的信息不对称，使两者的利益指向一致。建设项目治理结构是项目参与方就各种项目权利、风险划分所形成的一系列制度设计和契约安排，在进行项目治理结构设计时应该遵循权责明确、激励和约束并存等原则。

2. 项目治理结构的不确定性

众所周知，项目作为总体来说是一次性的、不可重复的，这是项目最基本的特征。项目治理结构作为项目主体间利益关系的表现，其必然也具有项目的这个特点。项目的复杂性、长期性和风险不确定性决定了不存在一个适合所有项目的治理结构，应该根据具体项目的类型、规模和复杂程度而特定地进行项目治理结构设计，项目的治理方式决定了治理结构。相同的项目治理方式下往往存在多种治理结构，只是其中的某一种治理结构可能居于主导地位。此外，项目在决策、设计、实施、运营和结束的整个生命周期中，许许多多的组织将参与其中，在不同的阶段，会有不同的利益相关者进入或者退出。也就是说，项目组织并不是一成不变的，会随着项目所处阶段的不同而改变。自然地，项目治理结构也不可能是固定的，它具有动态性。

3. 项目治理理论的应用

项目治理理论经过十多年的研究与发展，虽然取得了一定的成果，但相对建筑企业而言仍然是一个新兴领域。目前，国内外的研究主要集中在项目治理结构、机制等方面，特别是对项目治理理论的实证应用研究还比较少。

研究表明，好的项目治理可以促进项目风险的合理分担，保证项目的成功。项目治理因其清晰的组织架构、有效的决策结构和控制流程，会在成本、工期、质量和财务可行性等方面对项目的交付产生影响；不合适的治理结构将造成利益相关者的冲突，故需对治理结构进行适当审查和调整，以保证项目按时交付。通常，项目治理问题主要有两类：一类是政府与私人部门之间；另一类是项目与社会利益相关者之间。并提出激励机制是有效的治理工具，尤其在解决政府与私人部门之间的治理问题时更为有效。

目前，项目治理已经引起越来越多的广泛关注和研究，并在理论和实践上得到了一定程度的发展。然而，项目治理发展的时间较短，还需要进行更加深入的研究。首先，完善项目治理理论，继续探讨项目治理的本质内容，明确项目治理的真正内涵。研究项目治理与公司治理、项目管理、多项目管理之间的联系与区别，借鉴、学习已有的理论，促进项目治理理论的发展与繁荣。其次，项目委托人和代理人之间信息不对称和道德风险问题依然存在，已有的大量文献虽然都提出项目治理得依靠激励机制来解决这类问题，但大多都停留在定性的描述，激励机制到底如何影响项目治理的效果缺乏充足有力的说明。以后，项目治理结构的研究会更多地转向构建数学模型和设立奖惩机制，以平衡项目各参与方之间的利益关系。最后，将项目治理的研究成果应用于实际项目中，进行项目治理的实证研究。对于私有项目和公共项目，研究项目治理结构对其绩效、风险等方面的影响。

4. 公共项目治理策略

公共建设项目治理策略组合分类契约治理倚重于具有法律约束力的正式制度框架，强调通过严格清晰的合同界定项目参与方之间的责权利安排以降低交易双方的机会主义行为和交易成本，合同成为契约治理的核心要素。关系治理本质上是具有嵌入性的关系契约，即各方在关系规范指导下采取相应的关系行为，包括信任、承诺、沟通、合作等核心要素。因此，本研究将信任和关系行为作为关系治理的两个核心要素。在明确契约治理与关系治理核心要素的基础上，结合不同阶段的治理策略组合的动态性特点，将公共建设项目治理策略的 8 种组合进一步划分为如下四类：

（1）基于契约的信任型治理策略，在缔约及合同条款拟定阶段，政府业主对承包商的信任程度较低，治理路径严密。公共建设项目治理以严格合同的签订为前提，在契约保障的基础上逐步形成对承包人的信任，并在履约阶段增加沟通与协调等方式来减少冲突与分歧，逐渐建立信任并嵌入关系行为。相应地，合同的控制效用减弱，而信任对整体利益及合作的效用增强。

（2）基于信任的契约型治理策略，缔约方之间的信任为具有柔性合同及协调功能合同的签订创建条件，通过具有激励和协调性功能的合同对承包商进行激励，从而在履约阶段嵌入关系行为以更进一步地促进信任的建立，促进缔约方的履约行为。可见，契约型治理策略重点在于事后柔性合同的设计与履行。

（3）关系主导型治理策略，缔约之初合同双方之间有较高程度的信任，治理路径以信任为基础。因此，在项目层面嵌入关系行为成为可能并贯穿缔约全过程，缔约方能够一定程度上为对方考虑并追求共赢，注重有效的信息沟通，希望双方分享专有信息，愿意用协商的方式解决问题，避免双方产生冲突，培养合作共赢的氛围。

（4）契约主导型治理策略，在缔约及履约的全过程中，虽然信任程度随着互动的增加而逐渐提升，但缔约方之间的信任程度始终较低。契约主导型治理策略排斥关系行为的嵌入，治理路径是在契约保障的基础上通过加强合同的控制功能作为双方责权利实现的保障，以正式合同作为提升双方信任的基础，进一步增强双方的合作意愿。

综上，由于公共建设项目外部制度环境的严格规制，关系治理无法取代契约治理在公共项目治理框架中的核心地位，但关系治理客观存在。虽然实践中表现出对于契约治理的倚重，但除契约主导型治理策略外，其余类型组合中，均体现出关系治理以不同形式和不同深度嵌入公共建设项目治理过程中，关系治理的嵌入形成了对契约治理功能的补充，实现了项目绩效改善。此外，不同治理策略组合下治理机制的作用路径有所差异。基于契约的信任型治理策略和契约主导型治理策略均以契约治理作为起点，缔约阶段首先强调严格的合同控制；但基于契约的信任型治理策略在履约阶段一步发展了关系治理形成对契约治理的补充。基于信任的契约型治理策略和关系主导型治理策略则是关系治理与契约治理并举，缔约之初即形成了一种合作氛围，不强调单一的合同控制功能，而是在缔约及履约过程中进一步完善合同的协调性和适应性功能，实现了契约治理与关系治理的整合。

5. 对当前项目治理研究的思考

尽管目前对于项目治理做了大量的研究和实践工作，并取得了一系列有价值的成果，但是以下几个方面还是值得继续研究的：

（1）目前对于项目治理的研究主要还是集中在公司治理层面，然而，工程项目领域面临的高风险和机会主义行为倾向决定了项目治理不是一般的管理理论，而更应该是一般理论普遍性与项目特殊性的有机统一。对于现在比较熟悉的工程项目领域，项目治理理论涉及的内容还不是很多，这是值得进一步完善的地方。需要对项目治理理论进一步进行挖掘，尤其是需要将项目治理理论同项目管理区分开来，并且要寻求一种合理的方式衡量项目治理的效率和效果。目前项目治理理论在我国的应用并不是十分广泛，对于大多数项目管理者来说，还是一个比较陌生的概念，所以需要结合理论与实践，发展一套适合我国的项目治理理论。

（2）目前对于项目治理评价机制的研究过于单一，主要是靠项目实践中得出的结论，这种做法耗时长，而且不易在项目的初期对整个项目做出正确的宏观调控，缺少前瞻性。这些都会直接影响到项目治理的应用效果。需要考虑不同的项目治理结构，考虑不同的利益相关者并协调其利益冲突，从而实现项目价值最大化，满足各利益相关者的利益诉求。

（3）对于项目治理的研究还不是特别广泛，目前在国内只有较少的学者在做这个方面的研究。对项目治理也没有形成比较系统的理论。长时间以来，针对工程项目管理所做的研究主要集中在工程范畴之中，重管理、轻治理已经成为一个普遍的现象。现在十分迫切的是要把"管理"和"治理"这两个概念作相应的区分，并在形成适用我国国情和行业特点的项目治理理论和方法方面加深研究力度。

综上研究，我们深刻地认识到新发展阶段深化工程项目管理创新，推进项目治理体系建设和治理能力现代化，促进建筑业高质量发展，重塑"中国建造"品牌，必须把握党的十九大确定的关于建立现代经济体系和推进国家治理体系与治理能力现代化的总体目标，紧紧围绕新发展理念，以解放发展和提升项目生产力水平为着力点，坚持深化改革和创新驱动引领，统筹整合多方力量和资源，将项目治理和治理能力现代化与国家战略需求、全球化竞争趋势实现深度融合，不断推动建筑业这个传统产业改造升级。

2.3.7 项目治理体系在政府投资项目中的应用

对于政府投资项目来说，不同的治理结构和治理机制会组合形成不同的政府投资项目治理模式。现如今，我国的项目管理模式可谓琳琅满目，不仅包括传统的DBB 模式、DM 模式、DB 模式、CM 模式、EPC/Turnkey 模式、PMC 模式，还有BOT 及其衍生模式（BOO、BTO、BLT、BOOT、BOOST、BT 等）、Partnering 模式、PFI 模式以及代建制模式。如此繁多的管理模式不仅造成了概念上的混淆，更加造成了各类管理模式在实际运作中的低效。我们认为，从寿命周期的角度可以理清上述管理模式的不同之处。例如，传统的 DBB 模式、DM 模式、DB 模式、CM 模式是不同的承发包模式，侧重于施工阶段的治理；EPC/Turnkey、BOT 模式、PFI 模式将范围拓展到前期的融资和后期的运营上，确切地说是一种工程采购方式，因此侧重于投融资阶段和运营阶段的治理。另外，再比如 Partnering 模式，它是一种完全不同于设计—招标投标—施工的管理模式，业主与项目参与各方之间不是通过招标投标而是通过长期合作形成，这种关系比较稳定，并且对于项目实施过程中的不确定因素，也不采取索赔形式而是通过合作协商共同解决，这是一种关系治理模式。

1. 政府投资项目治理的阶段性

政府投资项目治理问题具有横向的阶段特性。一般来说，整个建设项目流程可以分为功能策划及立项建议书、方案设计、可行性研究、评估与审定决策、计划与工程设计、采购、施工、竣工验收和质量保修，不同阶段有不同的管理和治理任务。政府投资项目实施代建制之后，若采用的是全过程代建，则治理阶段可归结为投资决策期、代建期和运营期三部分。在不同的治理阶段中，各主体的参与程度不同，体现的治理功能也有所不同。投资决策期的治理结构、治理角色相对简单，但这一时期的时间风险较之施工期大得多，因为对于政府投资的非经营性项目，内部决策非常谨慎。代建期的治理目标是将项目计划转化为满足使用功能的项目实体，这一阶段的治理结构最复杂、治理角色最多，既包括直接利益相关者，还包括众多其他利益相关者。运营期的治理结构也比较简单，治理角色主要包括项目使用单位和代建单位。

（1）投资决策期治理

投资决策期的治理结构比较简单，如图 2-10 所示。治理角色主要包括项目使用单位（原建设单位）和投资决策机构（发展改革委员会），治理目标是将项目需求转化为政府投资计划，投资决策期治理的可交付成果是经批复的项目建议书。

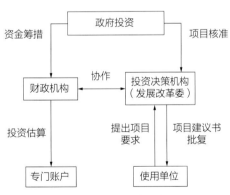

图 2-10　投资决策期治理

另外，财政投资评审机构在投资决策期也起到一定作用。这一阶段批复的投资估算为后续的初步设计概算和施工图预算奠定基础。

（2）代建期治理

代建期的治理结构最为复杂、治理角色最多，既包括直接利益相关者，还包括众多其他利益相关者。如图 2-11 所示。

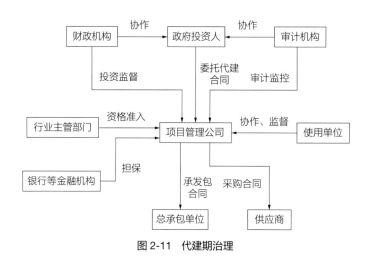

图 2-11 代建期治理

代建期的治理目标是将项目计划转化为满足使用功能的项目实体。具体工作包括：

政府投资决策机构指派专业部门或者委托社会招标代理机构选择全过程代建单位或分阶段代建单位（前期代建人、实施代建人），签订代建合同，报投资决策机构并抄送财政部门。实际运作中，有可能是政府投资人与项目管理公司两方签订委托代建合同，也有可能是政府投资人、项目管理公司和使用单位三方签订委托代建合同。

项目代建单位（全过程代建人或实施代建人）在签订代建合同前要提供工程概算投资 10%～30% 的银行履约保函；代建人依据项目建议书批复内容编制可行性研究报告；组织开展勘察设计的招标工作和初步设计的编制；办理前期各项手续的报批工作和年度投资计划等的审查手续；组织开展施工、监理和材料设备选购的招标工作；负责建设实施期的全过程管理，包括资金和进度情况的上报、中间验收和竣工验收；负责竣工决算报告编制与报批，以及技术资料的移交；对工程质量实行终身负责制。

项目使用单位在项目建议书的批复意见基础上，提出项目的使用功能配置，协助前期代建人办理各类报批手续，监督代建项目的工程质量和进度以及代建人的资金使用情况，参与工程验收。与传统的行政代理治理模式相比，在这种治理模式下，资金占有权、使用权过度集中于使用单位的现象不复存在，代建单位拥有资金控制权和使用权并承担相应的责任，该模式还通过国库直接支付制度将资金的使用权与占有权分离开来。

代建期与投资决策期之间的资金接口是经批复的项目投资估算，物理接口是批复的项目建议书。

（3）运营期治理

运营期的治理目标是确保项目的功能得到全面发挥，项目受益人（使用单位或公众）得到项目所提供的服务。运营期与代建期之间的资金接口是项目竣工决算以及预留的质量保证金，物理接口即为经过竣工验收的项目实体以及配套资料的移交。

运营期的治理结构比较简单，如图 2-12 所示。但是，这一阶段出现影响正常运营的质量问题却是最难解决的，主要表现为责任主体不清。目前，有的地方规定由项目代建单位对工程质量实行终身负责制，但这种做法与它的代建期法人地位不符，责大于权。适宜的做法是：项目代建单位是建设期的项目法人，负责公开招标确定监理、施工单位，是施工合同的责任主体，承担发包方的责任。施工承包人应按法律、行政法规或国家关于工程质量保修的有关规定，对交付发包人使用的工程在质量保修期内承担质量保修责任。所以，政府在与项目代建单位签订委托代建合同时，就应尽可能将相关问题明确，明确项目代建单位、项目使用单位及施工承包单位三方在质量保修期内以及保修期之后运营的责任和义务。

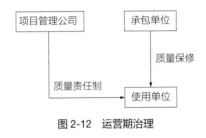

图 2-12　运营期治理

2. 政府投资项目治理的层次性

J. Rodney Turner 认为项目型组织治理包含公司治理层次、公司环境治理层次和单个项目治理三个层次。对于政府投资项目治理来说，除了横向的阶段特性之外，它还具有纵向的层次特性，而且这种纵向层次可以细分为由下到上和由上至下两个方向维。其中，由下到上的委托代理关系表现为公众将全民所有的资产交由政府进行公共管理；由上至下的委托代理关系表现为政府发包（托管人）将大量公共项目委托给专业化的项目管理公司（代建单位）进行全过程（或分阶段地）管理，再由项目管理公司招标选择总承包或者对设计和施工分别发包，施工总承包单位还会与各专业、劳务分包签订第四级的委托代理关系（图 2-13）。

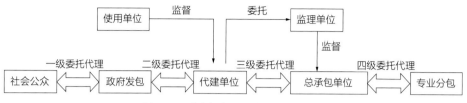

图 2-13　政府投资项目治理的二维层次

（1）自下而上的委托代理关系

在产权类型中，与私人品和公共品对应的分别就是私人产权和公共产权。私人产权是一种排他性产权，而公共产权具有不可分性、使用权的非排他性、外在性、剩余索取权的不可转让性等特征。拥有公共产权的共同体成员追求自身利益化与集合方式共同占有财产之间的矛盾，必然产生搭便车的行为，而搭便车行为的盛行最终会使公共财产的租金价值为零。当然，通过制定大量的法规限制公众的搭便车行为，在一定程度上可以减少租金损耗，但是为此需要支付很高的交易成本。当即不能通过公众行使退出权来克服产权拥挤，制定约束规则的成本又过高时，由国家来代理共同体成员行使公共产权就成为一种必然的选择，国家、政府就是接受这种公共受托责任的机构，由此便产生了公共产权的国家代理制——国有制。显然，政府投资项目产权的国有制是对全民所有制的一种帕累托改进。

在第一维的委托代理链中，如何从制度上最大限度提高政府代理的效益，克服政府失灵是政府投资项目运作中提高效益的关键。国外公共选择理论中关于监督政府的制度设计理论主要包括国会控制理论、宪法经济学理论、重新创造市场理论等，这些理论分别从加强国会监督、加强立法、加强民主、在行政机构中引入竞争等不同手段阐述了如何有效监督政府代理。国内大多数学者都认为提高政府代理效率、克服公共项目政府代理的政府失灵问题需要从以下几个方面着手：一是要对官员进行监督约束，提出约束官员腐败行为的措施；二是构建政府权力制度约束机制，具体包括构建法制基础，以法权制约行政权；三是改革预算制度，加强财政监督；四是在政府职能中引入竞争，优选代理人——政府公务员；五是打破政府的信息垄断，加强民主监督和舆论监督。

（2）自上而下的委托代理关系

当国家获得公共产权的代理权并拥有生产性资源的剩余索取权和控制权后，它实际上没有能力管理如此众多的公共项目。因此，建立自上而下的纵向授权链是不可避免的。在这一方向上，从建设项目资金支付、项目发包的角度而言，政府是公共项目的最终委托人。

首先，从政府这一级来说，政府需要借助其下设的行政职能部门和行业主管部门来监管政府投资项目。如国家发展和改革委员会负责固定资产投资规划和项目建议书、可研报告、设计概算审批，财政部负责资金拨付，审计部门负责建设资金审计和查处腐败浪费，建设以及铁道、交通、民航、水利等行业主管部门负责监督项目实施等。在这一层级中，不但存在住房和城乡建设部、财政部、国家发展改革委、审计署等的职能交叉问题，还存在着许多行业主管部门在其专业范围内具有一定的政府投资项目决策权利。这种分权设置的管理体系，最直接的后果是导致了机构重叠，社会公共利益部门化，决策效率低下，交易费用增加。

其次，对于单个项目内的委托代理关系，又可以分为多个层级。代建制项目的利益相关者包括政府投资人、代建单位、承包商、设计商、供应商、工程咨询公司、保险公司、使用者（民众或政府有关机构）。其中，代建单位作为政府投资人的代理人，拥有招标选择项目执行层中各方的代理权。此外，代建单位与项目执行层中的承包商、设计商、供应商之间也是委托代理关系。由此可见，在自上而下的委托代理链中，代建单位处于关键位置，如何规范和约束代建单位是代建制模式成功与否的关键。总的来说，本书的研究对象主要涉及三个系统（图2-14），对应不同的市场体系。

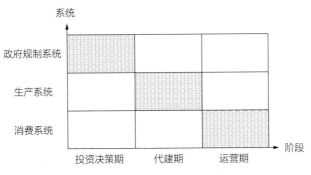

图2-14 治理阶段与治理系统

政府规制系统——对于政府投资项目而言，政府投资人居于决策地位，他在项目治理结构中作用的发挥及其与公共项目治理中其他部分的关系是整个项目运作的重要保障。他的决策要考虑到公共项目的社会经济生态等综合效益。同时，由于政府投资项目大多具有服务全社会、建设周期长、耗资大、风险大的特点，因此，政府需要从资金、计划、市场等几个方面，充分履行对项目建设规模和技术标准、对项目运营的制度和规范的监督管理职责。可以说，政府作为一个必要的制度安排，本身也具有各种保障服务效率和激励机制的制度约束。

生产系统——包括从项目投资、建设、管理、运营的全过程投入产出转换中涉及的市场主体，如建设期业主、工程承包商、勘察、设计、监理、咨询单位等。由于政府投资项目业主的市场代理模式是未来的发展方向，所以项目管理公司作为政府投资项目建设期业主，是代表政府业主、具有业主权利的工程项目建设全过程负责人，是项目重大决策的执行者，对政府投资项目的成败至关重要。另外，现代工程的承发包模式越来越趋向于采用总承包模式，总承包商在项目批准立项后，甚至在项目构思或可行性研究阶段就介入项目，参与工程设计、甚至工程运行管理。总之，建设期业主、承包商、勘察设计、监理咨询等是具体从事项目全部或部门工作的组织或群体，属于项目的执行层，可称之为"建设项目团队"。

消费系统——公众作为政府投资项目的最终消费者，具有涉及面广、层次多等特点。公众作为公共项目的初始委托人，由于利益极其分散，他们对项目实施直接监控是没有效率的，而且也没有能力进行监督，极易产生以"搭便车"为特征的集体行动。所以，公众通过授权链给予政府投资决策权时，政府代理人的到位和对公共项目实施有效监控将是至关重要的。

3. 政府投资项目治理机制

政府投资项目治理要解决的问题是通过内部制衡和外部约束来建立相关各方的激励约束关系，以最大限度地满足政府投资人和其他利益相关者的权益。

内部制衡形成的是内部治理机制（即狭义的项目治理结构），涉及的三大利益主体分别是体现资本所有权的政府投资人、体现财产控制权的项目管理公司或政府投资管理中心等代建方，以及体现建造管理权的承包商等项目经理层。内部治理的核心是政府投资人与代建人在项目所有权配置上的对称分布等，具体可以体现在委托代建合同中的双方权利义务、风险分担、代建取费等条款。

外部约束形成的是外部治理机制，主要通过资本市场、劳动市场（以代建市场为主）和产品市场的竞争机制来实现，其中尤以代建市场的完善为主要渠道。代建市场的完善既需要正式的制度安排，如代建人的选择、代建资格准入等；也需要非正式的制度安排，如代建人信誉机制、信息披露机制等。主要的内部治理机制和外部治理机制如下。

（1）内部治理机制

1）信号显示机制。信号显示理论认为，为了解决实际市场中存在的信息不对称问题，买方愿意显示自己的优势，并通过某种信号来让买方接受。对于一些综合竞争力强的代建单位和承包商，为了区别于其他较次的竞争者，他们会向委托人提供各种资质和经验以让其接受，并且实力越强、其披露将越充分。政府在选择合适的代建单位以及代建单位在选择承包商时，也应对代理人提供的各类信号加以甄别，如建立科学合理的评价体系，完善的专家评审制度等。尽量克服在工程项目治理的全过程中由行政授权形式使代理人获得代理权，要通过市场配置资源的方式引入公共项目代建人。

2）激励机制。当项目法人将建设项目交给代建单位之后，代建单位有若干种行为选择，不同的行为选择将导致不同的建设效果，而这种效果直接关系到业主的利益。应该设计一种制度，促使代建人（代建单位）在追求自身效用最大化的同时，最大限度地增进政府投资项目的收益。

3）风险分担机制。政府投资项目具有规模大、投资高、周期长、参与主体多、不确定性和复杂性等特点，从而风险因素众多、风险损失巨大。常见的风险因素包括客观环境因素（表现为自然灾害、政治、经济等）和代建单位的主观因素（表现为工程技术、公共关系以及管理风险）。对于不可抗力因素应由双方共同承担，同时尽量减少因代建单位主观原因造成的代建风险，如代建单位向银行无条件提交不可撤销履约保函，根据合同协议购买适当的工程保险等，政府也应制定一种风险管理制度，预防风险的发生，明确风险责任的承担。

（2）外部治理机制

围绕着外部治理角色，相应的外部治理机制主要有市场竞争机制和政府部门监督机制两类。此外，社会文化和价值观对治理机制也具有一定保障作用和约束作用。

1）外部市场机制。外部市场机制强调市场机制在建设项目组织中的决定性作用，包括：① 市场竞争机制——主要依赖于接管机制、代理权竞争机制的形成和发挥，不断完善代建人市场和工程咨询市场；② 信誉机制——信誉机制是保障市场有效运行的重要机制，政府与代建方通过多次博弈，建立动态的政府投资项目代建商信息库；③ 法律机制——加快制定和出台有关法规性文件是维护政府投资项目代建市场有效运行的基本机制，如对政府投资项目的分类管理，项目法人的管理规定，实施代建制度的项目范围，对代建制与工程总承包、工程项目管理、建设监理之间的关系的界定，对代建制、工程总承包和项目管理公司市场准入的有关规定等。

2）政府监督机制。政府监督机制包括计划监督机制、资金监督机制、市场监督机制和审计监督机制。图2-15具体表现为：① 政府投资项目的决策部门（国家发展和改革委员会）对政府投资项目分类审批或备案，进行计划监管；② 财政部门通过对政府投资项目的资金集中支付制度、财政投资评审制度和后评价制度进行资金监管；③ 建设部门通过制定各种建设法规或规章对政府投资项目进行市场监管，不断完善招标投标制度、合同管理制度、工程担保和保险制度等；④ 审计部门对政府投资项目的概、预、结算实施事前、事中、事后全程动态审计，打破以往只对工程决算和预算执行情况进行审计的常规做法。

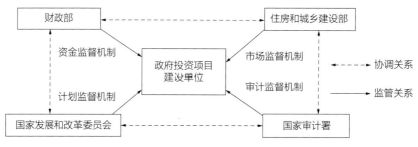

图2-15 政府投资项目治理的政府监督机制

3）公众监督机制。如建立民主决策机制，通过媒体让广大群众参与讨论，建立政府投资项目听证制度等等。

2.3.8 工程项目治理体系创新

1. 满足新发展理念的内在要求

对于项目制治理而言，其作为国家的一种治理手段，应符合国家的发展要求，顺应时代的发展潮流，因此，应满足新发展理念的内在要求。

（1）重视创新发展理念

对于项目制治理而言，所谓创新就是在选择项目时应根据实际状况和发展需求，不断创新思路，开展出更具操作性、实践性和地方特色的项目种类，以不断提高项目制治理的效果。此外，除了对项目的创新，也应该推动项目治理机制的创新，针对当前存在的问题，实现项目客体选择机制、资金分配机制、运行机制以及项目考核机制的创新。

（2）注重协调发展理念

对项目制治理的协调主要是对不同地区、领域和项目客体之间的协调。对不同地区的协调，主要是指在下放项目时更加注重向边远地区和欠发达地区倾斜，通过项目的扶持和项目资金的投入，协调不同地区的发展，减缓差距，以促进共同发展、共同富裕的实现。对不同领域的协调，主要是指在项目的选择上注重不同领域之间的协调，既注重项目所带来的经济增长，也注重项目的政治、文化、社会等多方面的效益，从而促进社会的全面发展。对不同项目客体的协调，主要是指项目下放的条件，应注重公平公正，避免出现"赢者通吃、输者全无"的情况，以实现项目制治理的初衷。

（3）强化绿色发展理念

在项目制治理中强调绿色发展，就是一方面继续坚持绿色发展的道路，另一方面探寻更多的生态发展项目。在以往的治理过程中，由于过于追求经济效益或说政绩效果，选择的大多是能够马上显现效益的粗放型项目，对当地的资源和环境造成很大的浪费和破坏。因此，在项目的选择上应注意人与自然的和谐共生，走绿色发展道路。此外，有的区域虽然资源丰富，但生态环境承载力较弱，无法通过对资源的合理利用，达到治理的良好效果，因此，需要基层政府，在生态环境修整的基础上，结合地方优势，选择合适的生态发展项目，如开展生态旅游、发展绿色种植业养殖业等。

（4）拓展开放发展理念

所谓拓展开放发展理念，就是不再局限于项目本身，而是以项目为依托，借助独特的区域优势和丰富的资源，引进区域外的资金和技术，突破由于资金和技术不足导致的发展困境，加大项目效果，推动本区域的发展。此外，还要合理借助国际力量，治理是任何国家都无法回避的，关系到国家稳定与发展的重要问题。因此，合理引进国外先进的治理经验和治理技术，为治理提供外在推力。同时，也要走出去，以人类命运共同体为指导，将中国的治理经验传递给与中国具有相同发展困境的国家，实现共赢共享共发展。

（5）促进共享发展理念

促进共享的发展理念，要立足于社会资源、管理技术共享。从行业、政府的层面，更好地引导市场的健康发展，适度统一市场、统一价格、统筹供应、统筹保障。从市场的开发和市场监管的层面，规范市场运行，杜绝不正常的市场竞争。更好地引导市场价格，合理定价，有效地监督价格行为，促进建筑业市场的稳定发展。同时，加大统筹供应力度，确保资源的有效供应和使用。充分利用好住房和城乡建设部"四库一平台"的技术优势和信息优势。通过信息平台的监管途径，进一步规范项目管理的行为规则，让管理者能够第一时间了解、学习、掌握国家有关政策法规，加强新技术、新工艺、新方法、新材料及时推广应用。

2. 充分体现项目治理的社会性

对于项目制治理而言，可以从内外两个方面来提升社会性。

（1）从行业政府的层面，自我完善和发展是获取合法性认同的一个重要途径。政府通过加强自身建设，提升治理力度，体现治理价值。让建筑业受益，获得社会的好评，取得社会大众的认同。具体主要应当加强以下几方面工作。

第一，加强企业资质管理和招标投标管理工作。进一步优化和理顺现有资质的资质体系，避免资质影响市场的公平竞争，尤其避免资质作为市场准入的敲门砖。资质成为影响建筑业市场正常运行的一个关键环节，通过"四库一平台"的监管，加强对相应资质企业的正常市场行为进行深层次的监督。避免资质的借用、套用以及资质维持的不正常行为影响资质体系的健康运行。避免单纯性的业绩的要求和评价，也避免同一业绩在不同企业资质之间分割、肢解和互用，影响基本建设市场的真正的实施效果。另外，目前存在一定程度的资质乱象，借用、套用资质现象时有发生。招标投标中不能片面地强调对于某一个项目必须达到什么资质层次的企业才能承担任务。在要求资质的同时，要加大对应的监管力度。有很多企业在某种程度上靠出卖资质维持运行，没有真正的生产力，既不利于企业的发展，又扰乱了市场秩序。应当强调专业能力和建设经验或真正的市场业绩，尤其强调实施队伍的专业水平，取代单一的以企业资质为唯一判断的评判原则。

加强招标投标管理，就招标信息的发布、投标单位筛选、评价等过程环节进行优化和改进。对不同企业在不同项目的招标投标工作，不要一味地按照一个模式来做，更多地尊重建设方和发包方的意愿。从行业政府的层面主要抓违规行为和违规运作。将主动的选择权留给建设单位，由建设单位来合理、客观地评价。主管部门主要在于加强项目建设的绩效评价和目标认定，健全后评价制度。严格管控在项目建设过程中存在的问题，及时地掌控、及时地判断、及时地处理，加大招标投标工作的责任追究制度的力度。前期的工作可以根据建设方的需求，适当地放宽，但是加大后续的监管力度，用倒逼机制的方式规范招标投标行为。

第二，加强质量安全和文明的监管。对质量工作更多地强调质量细节和质量过程管控。加强质量责任制度的建立和质量责任制的追究，明确质量体系，强调质量责任，强化责任的追究，更好地体现和落实建筑业五大主体责任制质量责任终身制的追究原则。在很更大的层面上，提倡从资源的质量，到工艺的质量、生产过程控制、过程验收把关以及总体功能验收层层把关，确保项目质量不出问题。加大安全管控力度，强调和加大安全投入，强调现场安全投入的标准化和原则性。就现场安全工作，明确安全责任制，更好地落实责任制，责任到人，责任到岗。在更多的层面上强调过程环节工艺和生产组织的安全性。强调过程把关和过程管控，加强现场安全文明的管控力度。

现场文明主要是从现场的场景布局、设施安置以及正常运行综合层面来考虑。一方面，注重人的安全文明行为，另外，注重场景的文明表达，再一方面，考虑到现场与周边环境的文明匹配。体现建筑业市场和建设项目的实施与区域文明高度一致，和谐统一。坚持以人为本，加强人文关怀。就现场的安全文明工作提高管控力度，加大人本关怀投入。强化人的生命安全和职业健康安全，更好地理解人和关心人。优化建筑作业环境以及周边的环境，不仅场内做到以人为本，而且要做到场地周边以人为本以及场地所在地域以人为本。加强现场周边防护，更好地做好现场绿色运行，避免扰民和干扰正常的社会秩序，更好地关注周边的环境群体。加大市场监管力度，加强正常运行管理。

（2）从政府外部来看，或者说从政府的治理效果来看，要想获取社会合法性，就必须满足社会发展需求。

第一，体现市场的公平，公正行为。首先是招标投标工作的公平，公正。加强招标管理，避免招标文件、招标意图以及招标人的不合理要求、不公正要求以及霸王条款和强势群体的强制约定对弱势群体的伤害。强化招标工作的规范性和原则性，就招标投标法有关的内容和要求进一步细化。对招标责任的落实以及招标责任的追究予以明确，对招标工作的错误引导和招标工作的不公正待遇提出社会监管。其次，对于投标强化规范投标行为，避免不正当竞争行为和尔虞我诈的市场运作。避免承包人的不诚信行为，通过平台的监管，加大对投标人的监管力度。加大对投标人业绩、承诺以及投标的实际运行行为的管控和处罚力度。强化市场的准入和退出机制，对不诚信或不正常的投标人予以原则性的市场惩戒和政策处罚，逐渐地规范健康的市场行为。改进审计工作，加强工程审计、竣工审计与工程概预算和成本管理工作之间的和谐和统一性。避免不同的职业标准和不同的管控原则在工程上的不一致。尤其避免审计工作对正常的招标投标合作行为和公正的发承包之间的利益造成干预和影响，避免审计原则与概预算原则之间不一致。更好地体现审计工作的原则把关和招标投标工作市场的公平、公正运行之间的高度统一。加强过程结算和竣工结算工作，在结算工作中，应当坚持实事求是、尊重客观，更好地保证发承包双方之间利益的保障和真正的公平、公正原则的体现。

第二，双赢互惠原则。双赢互惠主要是体现在发承包双方，其更多的基础工作在于合同的约定和合同管理工作的正常。加强合同管理，加强合同责任的落实是关键。发承包双方坚持正确的合同管理观念，规避过去行业中存在的不正常的合同理念，如低报价中标，靠索赔盈利。通过现场实施变相地增加变更、增加签证来获取不正当的承包人受益，为发包方的正常权益设置了障碍。从公平、公正的原则和双赢互惠的原则出发，发承包双方应当充分考虑对方的权益，考虑到相关方利益的识别以及相关方利益的确保，真正体现双赢互惠和互谅互让的合同管理原则。坚持项目在实际实施过程中，根据项目的客观现实，实事求是地、客观地评价各自的利益，充分地体现合作的正常和交易的公平。

第三，互谅互让。合作双方以及实施各主体之间应当体现互谅互让。对项目实施过程中存在的非原则性问题和冲突能够客观面对、友情让步，积极友好地处理各自的工作，体现更好的合作理念。对于相关的损失，应当一分为二地、认真地面对和处理。对于市场的价格问题、不利因素的影响问题以及不可预见的干扰问题或者其他的人为和管理因素所引起的不正常现象或不正常的实施影响，双方或者多方能够客观地面对和正确地处理。坚持长远合作和双赢共赢的原则，更好地为项目做好各自的工作，体现围绕项目的团队意识和团队合作精神，创建和谐融洽的团队群体。

3. 与国家治理体系和治理能力现代化相契合

（1）树立国家治理体系和治理能力现代化的理念

从历史发展来看，我国的治理体系、治理能力和我国国情相匹配。但随着国际国内形势的不断变化，矛盾日益显现，推动治理体系和治理能力现代化也愈发变得必要和紧迫。因此，在项目制治理的过程中，以国家需求和时代潮流为导向，学习并树立国家治理体系和治理能力现代化的理念，即树立以政治意识、大局意识、核心意识、看齐意识这四个意识为核心的法治观念和民主观念。因为，理念是行动的先导，只有牢固树立治理现代化的理念，才能在实践中予以体现。建筑业治理和建设工程项目治理要严格遵照国家治理体系和治理能力要求，与我国的国情和建筑行业实际紧密结合，体现治理工作与行业和项目建设的高度统一和高度对应。

（2）不断提升治理体系和治理能力现代化的水平

对于项目制治理而言，治理现代化水平的提升，主要有三个方面的要求，即治理主体、治理过程和治理工具。首先，治理主体作为治理的关键性因素，其治理能力和治理效率对治理效果的影响是极为显著。所以，应提升治理主体的素质，包括品质素质和能力素质，同时，实行严格的岗位责任制和考核制，建立起监督问责制。其次，应根据国家治理体系和治理能力现代化的总体要求，建立健全评估体系，对项目制治理的每一环节是否符合标准进行检验，并及时改正完善，使其符合总体要求。最后，要善于利用治理工具。在信息化的今天，对于信息技术的利用，不仅有利于提高治理效率，而且有利于治理过程的公开化、透明化。除了信息技术外，历史背景、风俗习惯、乡规民约等也是一种重要的治理工具。

治理主体是项目和企业。一方面，从项目的正常运行的角度，规范相关的规定和要求，规范项目运作行为。另一方面，从企业的层面上，强化企业的担当和企业规范的政治意识、行业意识、政策意识以及专业技术要求和市场运行机制的要求。更多地完善各类管理制度体系，明确管理职责和市场主体责任之间的必然联系。

第二，是治理过程。强化项目运行和市场运作，在过程环节中强化过程的法治体系和市场的运行机制体系。以法为准绳，以行业政策和市场原则为基础，规范市场的运行，规范项目的运作，规范实施过程中的每一个环节。

第三，加强治理工具的建设。强化网络信息平台，强化市场监管平台，强化建筑业统一的监督实施、运作惩戒和处罚平台。加强信息共享、信息流通和信息警戒机制，体现项目治理工具的先进性、有效性和合理性。

（3）积极引导社会参与以确保治理的民主性

积极引导社会参与，就是政府在治理过程中，向民众开放参与和沟通渠道，以提升民众的参与积极性，这不仅有利于实现治理的初衷，也有利于实现国家治理体系和治理能力现代化的总目标。由此，在项目制治理中，需要积极引导民众参与，建立并完善沟通渠道，坚持民主集中，鼓励民众提出自己的意见和建议，并采纳合理的部分。加强建筑业公众监督平台的建设工作。从各省市到住房和城乡建设部，建立统一的市场民主治理监管平台，及时地获取市场不正常的运行信息，接受广大企业和从业者的监督，畅通监管渠道，扩大监管范围，广泛地收集各个层面、各个群体之间的意见和建议。充分体现建筑业民主治理政策导向，更多地体现群众治理和市场治理以及各层面企业治理的基本治理原则。通过信息的反馈，更好地改变治理方式和方法，以便于达到最佳的治理效果，促进建筑业的公平、公正、合法、合理市场环境营造。

第 3 章

"项目生产力论"的创新研究与实践应用

　　党的十九大报告对我国经济社会发展从实践理论高度做出了精辟的诠释、科学的阐述。提出了建设中国特色社会主义总依据是社会主义初级阶段，总布局是五位一体，战略布局是"四个全面"。总任务和主要目标是在中国共产党成立一百年时全面建成小康社会，在新中国成立一百年时建成富强民主文明和谐的社会主义现代化国家，实现中华民族的伟大复兴。强调了在新的历史条件下夺取中国特色社会主义新胜利，必须建设现代化经济体系，以供给侧结构改革为主线，坚持质量第一、效益优先的方针，构建市场机制有效、宏观调控有度、微观主体有活力的经济体制，推动经济质量变革、效率变革、动力变革，不断解放和发展社会生产力，把经济发展方式由高速增长向高质量发展作为新时期实现各项目标的战略选择。结合建筑业实际，当前最为关键迫切的是要认真学习贯彻落实党的十九大和十九届历次全会精神，把改革发展的重点和落脚点放在加快转变行业发展方式，深化建设工程项目管理体制改革，着力推进项目治理体系创新与治理能力现代化，进一步发展和提升项目生产力水平，全面促进新阶段建筑业高质量发展。

3.1 "项目生产力论"提出的时代背景与理论依据

　　20 世纪 80 年代，在中国共产党十一届三中全会闭幕不久的 1980 年 4 月 2 日，邓小平同志就建筑业改革发表了重要讲话。当时由于受到大环境的制约，谈话虽然在内部传达，但在行业领导层已经反响强烈。1984 年 5 月，邓小平同志这个言简意赅、高屋建瓴的讲话在《人民日报》刊发，"从多数资本主义国家看，建筑业是国民经济的三大支柱产业之一，建筑业是可以赚钱的，可以为国家增加收入，增加积累一个重要的产业部门，建筑业发展起来，就可以解决大量人口的就业问题，更好地满足城乡人民的需要"。从此一个深化建筑业改革，富民强国的重大战略列入了党和国家的重要日程。

3.1.1 "项目生产力论"提出的历史背景

1984 年 5 月党的六届二中全会政府工作报告正式提出，建筑业要围绕缩短工期、降低造价、提高工程质量和增加效益，首先在全行业进行改革。随后国务院明确把建筑业作为城市经济体制改革的突破口，率先推向市场。这个阶段国家进一步扩大企业的自主权，进行联产承包经营和百元产值含量包干，实行建设工程招标投标制，广大建筑业企业开始进行了施工管理体制改革。1986 年 11 月，国务院领导在视察我国第一个利用世界银行贷款的国际招标投标项目——云南鲁布革水电站工程，又提出要把建筑业企业施工管理体制改革和学习推广鲁布革工程管理经验结合起来的要求。1987 年，国务院五部委先后选择了 18 家和 50 家不同类型的大中型国营企业进行综合配套改革试点，提出了"按照项目法组织施工"，并于 1990 年 3 月和 1992 年 8 月分别在桂林、北京和内蒙古召开"试点工作经验交流会"与"项目法施工研讨会"。会议要求建筑业企业要以"项目法施工"为突破口，按照项目的内在规律组织施工，进行施工企业管理体制全面改革。

正是在这个大背景下，以原国家建委施工局张青林、谭克文同志为主要代表的我国建筑界一批改革发展的领导者、推动者、实践者和理论工作者，认真学习马克思、列宁、毛泽东有关论著，潜心研究邓小平讲话精神，集思广益、凝聚智慧，深入挖掘鲁布革工程管理经验的精髓本质，系统总结建筑业企业实施工程项目管理的实践成果，在推行"项目法"施工的基础上又创新性地提出了"项目生产力"的概念，不但为我们形成具有中国特色又与国际惯例接轨、适应市场经济、操作性强的工程项目管理科学理论和方法奠定了基础，而且对当前我国进一步推进和深化工程项目管理创新、促进建筑业高质量发展与企业转型升级产生着重大而深远的影响。

3.1.2 "项目生产力论"的提出是依据马克思主义关于生产力论的启迪与指导

毛主席指出"指导一个伟大革命运动，如果没有革命的理论，没有历史知识，没有对实际运动的深刻了解，取得的胜利是不可能的"。关于如何解放发展生产力，马克思、列宁、毛泽东和习近平同志都有许多论著，并认为首先是必须变革旧的生产关系和上层建筑，其次是不断运用科学技术进行技术创新和着力发展保护生产力。早在《共产党宣言》中马克思和恩格斯就指出，无产阶级取得政权并把全部资本集中到自己的手里后，就要"尽可能快地增加生产力的总量"。列宁晚年也曾对落后国家建设社会主义进行了艰辛的探索，他认为建设社会主义必须要摆脱固有观念的束缚和进行改革，必须把发展生产力放在工作的首位。

毛主席在党的七届二中全会上就已提出，生产上的成败是革命成败的关键所在。1956年在最高国务会议讲话中又强调，社会主义革命的目的是解放和发展生产力。改革开放以来，邓小平同志指出改革开放"从历史的发展来讲是最根本的革命"，特别是1980年4·2讲话正是他经济理论对建筑业的深度思考。习近平总书记在党的十八大、十九大报告中都特别强调解放发展社会生产力是社会主义的本质要求。马克思主义认为，人类社会发展是有规律的，即生产力决定生产关系，经济基础决定上层建筑。在物质资料生产过程中形成的人与人之间的社会关系构成生产关系，生产关系是实现解放和发展生产力的驱动力。其中，劳动者是最活跃的要素，生产资料是生产力的标志。判断生产力水平高低主要看构成生产力的要素，即劳动者和生产资料及劳动对象的结合与适应程度，结合得越紧越好，生产力水平就越高。但生产要素要通过一定的生产组织方式的紧密结合与配置，才能形成现实的生产力。生产关系一定要适应生产力的发展；同时生产关系对生产力，上层建筑对经济基础又具有反作用，适应时会促进生产力的发展，不适应时会阻碍生产力的发展。人类社会就是在这样的基本矛盾作用下不断前进的。马克思对生产力进行了三个层次的划分，即"社会生产力、部门生产力、企业生产力"，这就告诉我们社会生产力的发展提升靠的是部门（行业）生产力，而部门（行业）生产力的发展提升又靠企业生产力。针对建设行业的实际，建筑业企业的生产力源于工程项目。也就是说，建筑业生产力存在第四个层次，即项目层次。工程项目才是生产要素转化为现实生产力的有效载体，是解放和发展建筑生产力的最终落脚点。研究和发展建筑业生产力就不能离开项目层次。所以解放和发展建筑生产力，工程项目管理水平的高低至关重要。这是因为建筑业的物质资料生产形式不同于其他产业部门，建筑业生产要素的结合方式有其特殊性：第一是劳动者与生产资料在空间上表现为在施工现场直接结合及远离现场间接结合的并存；第二是劳动者与生产资料在时间上表现为时断时续的非连续结合来实现生产力；第三是劳动者与生产资料的结合呈现出机械化、半机械化、手工作业等多种形态。因此，按照生产关系一定要适应生产力的观点，对于建筑业而言，也就是说建筑业所追求的是企业生产关系一定要适应项目生产力的特点，这是因为劳动者与生产资料只有在工程项目上的紧密结合才能把生产要素变为现实生产力。这就是马克思主义生产力理论对我们认识建筑业生产力本质特性的启迪与指导。

3.1.3 "项目生产力论"是推广鲁布革工程管理经验与理论研究创新的产物

位于云南省罗平县境内南盘江支流黄泥河上的鲁布革水电站工程，是我国改革开放初期第一个利用世界银行贷款的基本建设项目，按世界银行规定进行国际招标，日本大成公司以低于标底44%的价格中标，提前4个月竣工，工程质量优良，合同结算控制在合理的范围。鲁布革工程管理中所展现出的先进管理机制，精干的项目班子，科学的施工方法，有序的作业现场，高效、低耗、优质的实施管理理念，给当时我国工程建设领域和施工管理体制以巨大的冲击。通过对比、总结和反思，看到了我们的差距，找到了问题的症结。大家深刻地认识到，计划经济体制所造成的"投资无底洞，工期马拉松"的工程建设局面，其主要原因在于施工生产方式的制约，具体表现为"三个落后"，即生产要素的占有方式落后、生产要素和生产资料的支配方式落后和企业生产要素固化与流动方式落后，建筑业以企业行政多层次为单元的生产组织方式和旧有的生产关系已不能适应市场竞争的挑战，更无法同国际承包商竞争，严重束缚着建筑业生产力的发展。从生产力角度看就是生产力与生产关系、经济基础与上层建筑的矛盾没有得到合理解决，落后的管理体制极大地制约了生产力的发展。而鲁布革工程管理的成功经验就在于它实施了以工程项目为对象，运用项目内在规律组织生产，也就是当时建设主管部门提出的"项目法施工"。其内涵有三个基本点：一是要进行建筑业企业内部管理体制改革，打破三级管理和经济核算的行政管理机制，使之适应项目管理新方式的需要。二是以工程项目为对象，组建项目经理部，按照项目的内在规律组织生产。三是最大限度集中全行业智慧、突破利益固化藩篱，促使企业整体机制转换、制度创新、配套改革，尽快适应社会主义市场经济体系的新阶段，促进项目生产力的发展和提升。

30多年来，广大建筑业企业以马列主义、毛泽东思想、邓小平理论为指导，认真学习贯彻党和国家一系列改革发展大政方针，借鉴推广"鲁布革"工程管理经验，动脑钻研，科学谋划，通过实践探索和上百次会议研讨，在研究创新发展项目生产力方面基本形成了比较系统，并有一定理论高度的建筑业改革发展深化工程项目管理的基本理论观点和方法。包括：关于推行"项目法施工"必须进行企业内部配套改革的观点；工程项目管理是加快企业经营机制转换有效途径的观点；深化项目管理必须实行两层分开，重在劳务层建设的观点；项目管理必须强化以项目经理责任制为中心的观点；项目管理承包制必须坚持企业是利润主体，项目是成本中心的观点；项目管理的基本特征是动态管理和生产要素优化组合的观点；项目管理必须实行企业各项业务工作系统化、标准化管理的观点；项目管理必须创建和营造适用企业内外部市场环境的观点；项目管理必须坚持党政工团协同作战与党支部建在项目上的观点；解放和发展建筑生产力，必须坚持科技进步与管理创新两轮驱动并把落脚点放在项目层次的观点。这些基本理论观点来自实践探索，既是改革开放40多年来建筑业推广鲁布革工程管理经验推进建设工程项目管理改革发展取得举世瞩目成就所积累的宝贵经验，又是在马克思主义关于解放和发展生产力理论的强有力指导下，对"项目生产力论"研究和实践应用不断深化提升的产物。

通过学习十八大、十九大报告，我们更加清醒地认识到，改革开放的历史征程，首要的任务是解放和发展生产力，因为生产力发展才是推动经济社会发展的终极力量，要实现中华民族的伟大复兴，没有生产力的高度发展是不可能实现的。建筑业作为国民经济三大支柱产业，在中国经济发展中占有重要位置，建筑生产力能否提高是检验建筑业改革举措成功与否的根本标准。35年来，建筑业从计划经济到企业扩大自主权，小分队联产承包，再到进入机制转换、制度创新，推行"项目法"施工，实行企业内部两层分开，建立工程项目管理新型运行机制，实现了施工技术进步与管理创新的跨越式发展，再到创新性地提出了"项目生产力论"，推进建筑业新时代高质量持续发展，充分体现了改革、发展、创新三者之间的有机结合，构成了缜密的逻辑关系。总体上讲"项目生产力论"的提出形成和发展创新是以马克思列宁主义、毛泽东思想、邓小平理论、习近平新时代中国特色社会主义思想为指导，以中国建筑业改革发展创新实践为基础，对我国建筑业企业推广鲁布革工程管理经验进行生产方式深层次变革的系统总结和理论研究的不断升华。

3.2 "项目生产力论"体系框架

项目生产力作为马克思主义生产力理论与中国建筑业改革发展实践相结合的产物，35年来经历了在建设工程项目管理中不断的实践、认识、再实践、再认识，并开始形成了比较完整的基本框架体系。

3.2.1 项目生产力的概念

我们知道狭义的生产力是指再生生产力，即人类创造财富的能力。从横向看，生产力分为个人生产力、企业生产力、社会生产力。从纵向看，生产力分为短期生产力、长期生产力。从层次看，生产力分为物质生产力、精神生产力。生产力是生产力系统的功能组织，生产力系统的要素包括两大要素，即实体性、劳动者、劳动资料、劳动对象，非实体性要素、科学技术、教育管理及社会文化制度体制环境。生产力系统的结构就是组成生产力系统和要素之间的关系。生产力系统的结构如果对称，生产力发展建设就快，否则生产力发展就慢。所以生产力发展是主客体相互作用、资源再生的结果。大的说，是社会系统的整体功能；小的说，是行业、企业、项目整体管理素质和水平的体现。

生产力发展水平的高低是生产力要素构成的系统与其所处的政治、经济、社会、文化、生态等环境构成体系聚合匹配的结果。从建筑生产力层次看，项目部是物质生产力和精神生产力的结合，"项目生产力论"是按照生产力的狭义，特别是马克思主义关于生产力理论的层次性原理以及建筑施工企业生产要素结合场所的特殊性而提出来的。所以我们借用"生产力是人们征服、改造自然的能力"和"是人与自然之间的关系"的定义，把项目生产力的概念表述为"项目生产力是项目经理部全体人员实现工程项目建设目标的能力"。建筑业施工生产的实践充分证明，劳动者、劳动资料和劳动对象这三大要素只有在工程项目层面上实现优化配置、动态组合和科学管理，才能形成较好的现实项目生产力。

3.2.2 项目生产力的内涵

工程项目具有很强的单件性和一次性，在整个建造完成过程中，既要强调项目管理各利益相关方的不同需求，更要突出创新提高项目管理水平，注重完善生产关系，发挥项目在资源配置中的决定性作用，同时又要更好地发挥企业及其各利益相关方协管推进作用，从而实现解放和发展建筑项目生产力的目的。所以说，按照生产力的层次性，项目生产力揭示了建筑企业生产力与项目生产力的关系，即发展企业生产力是提升项目生产力的前提和条件，项目生产力又是解放发展建筑企业生产力的最终落脚点。项目生产力具有技术属性、价值属性和文化属性。项目生产力水平的高低关键在于项目管理部在实施过程中充分利用改造自然和利用项目管理工艺革新循序渐进地提升所积累的宝贵经验与知识产权和技术成果。以此可以得出项目生产力的深刻内涵是，以创新发展与绿色施工为理念，以生产管理组织与建造方式为引擎，以技术进步与管理创新为支撑，以生产要素与资源优化配置为基础，围绕实现工程项目建设目标，反映"以人为本"具有劳动文化的社会化大生产。从外延来看，项目生产力是物质生产力、技术生产力、文化生产力、精神生产力和人才成长能力的统一体。

3.2.3　项目生产力的特征

按照生产力的定义和项目系统论的观点，结合建设工程项目实践可以看出，项目生产力本身又是一个多元化的系统，在这个系统中包含了基础性要素、发展性要素和组合性要素。基础性要素包括以生产工具为主的劳动资料、劳动对象以及从事物质资料生产的劳动者；发展性要素主要是先进的科学技术和管理方法及其施工工艺革新；组合性要素主要指扁平化式的管理组织机构和信息集成化管理，其系统是具有质、量、时空结构的有机整体。

从一般意义而言，项目生产力应具有四大特征：第一是效益性特征。项目生产力运行的首要目标是要获取最佳效益。效益是项目组织和企业赖以生存的经济基础，效益性体现了项目生产力的经济能力。第二是创新性特征。工程项目的建造过程具有"单件定制"的特点，每一个工程项目都要根据其构造与功能要求及区域地况采取不同的施工组织设计和工艺技术革新。创新是项目生产力持续进步的灵魂，体现了项目生产力水平提升的原动力。第三是集约性特征。集约的原意是指在社会经济活动中，在同一经济管理范围内，通过经营要素质量的提高、要素结构的改善、要素投入的集中以及要素组合方式的调整来增进效益的经营方式，实现以合理的成本投入获得最大的产出回报。集约性体现了项目生产力的市场竞争力。第四是多元性特征。从项目生产力要素的资本构成和技术构成看，建设工程项目呈现多种形态。从项目生产力的整体功能角度看，项目生产力又呈现多层次功能，例如，工程建设有专业承包、施工承包、工程总承包、项目群综合承包等，其对应的管理组织方式和所形成的生产关系也有很大差异。

3.3　"项目生产力论"为建立创新项目管理体系奠定了基础

在改革开放的大环境下，建筑业由于有"项目生产力论"的有力支撑，成功实现了施工生产方式的深层次变革。35 年来，建筑业在学习马克思主义关于生产力理论，借鉴国际项目管理四个阶段（策划、设计、施工、项目试运行）和五个过程（启动、计划、执行、控制、结束）的同时，运用"项目生产力论"的基本理论观点，对我国建筑业的生产关系进行了深入广泛的研究，并通过改革企业内部管理体制，转换经营机制，推进制度创新，不断调整生产关系，有力地促进了劳动者、生产资料和劳动对象三大要素在工程项目上的优化配置、动态组合和科学管理，极大地解放和发展了建筑生产力。

三十五年来我国工程建设领域的广大企业和专家、学者、建设者在学习推广鲁布革工程管理经验的实践中，坚持以研究解放发展和提升项目生产力为先机，指导项目管理实践，严密组织施工，创造和积累了不少新的成功经验，为新时期建筑业高质量发展奠定了坚实的基础。

3.3.1 创新建立了项目经理部，实施项目经理责任制

项目生产力的组织形式是项目经理部，它是中国建筑业推广鲁布革工程管理经验和企业进行项目管理体制改革发展中出现的新生事物。自 1987 年始，项目经理部从无到有，快速成长，日臻完善，已经遍布大江南北，并在发展过程中逐步建立和完善了项目经理责任制、项目成本核算制。当前两制建设已成为广大企业普遍采用的基本生产管理责任制度，为企业优化配置社会生产要素、发展提升项目生产力、扩大企业经营规模提供了新的运营模式。

项目经理责任制具有对象终一性、内容全面性、主题直接性和责任风险性四个特点。它是以工程项目为对象组织施工生产；项目经理对项目管理过程中质量、安全、成本、进度、现场文明施工、合同履约以及总分包的组织协调具有全面责任，项目部是企业法人代表授权委托管理工程项目的组织团队，项目经理作为第一责任人直接对企业法人负责，并对工程质量负有终身责任。项目经理责任制的建立和实施从根本上实现了两个否定和两个有效。即否定了行政命令指挥生产，否定了按行政层次进行经济核算；有效地解决了项目管理缺乏明确责任人弊端，有效地激发了项目的实施活力，是提高项目经济效益的基本制度。项目经理责任制经历了从项目经济承包制到项目经理负责制，再到项目经理责任制这样一个试点探索、不断完善和最终适应市场经济体制运行和建设项目管理特点的变革与提升过程。虽然承包制、负责制和责任制只是二字之差，却清晰地刻画了企业运行机制和项目科学化管理不断改革完善创新的轨迹，逐步形成了关于项目管理的"三个一次性"的科学定

位。即：工程项目是一次性的成本管理中心，项目经理部是一次性的施工生产组织管理机构，项目经理是企业法定代表人在项目上一次性的授权管理者。"三个一次性"的定位不但有效地摒除了过去项目个人承包制的弊端，对项目生产方式的变革起到了有力的推动作用，真正体现了项目管理"组织机构层次减少，人员配置精干高效，管理对象直接到位，资源优化动态组合、责任明确绩效考核"的基本原则。而且加快了中国建设工程项目管理国际化进程，有力地促进了项目经理部结合国际项目管理知识体系（PMBOK）运用 PMO 在项目组织内部将实践、过程、运作形式和标准化及组织整体协调部门，指定项目实施流程建立项目管理信息系统，组织项目管理人员对项目进行全过程全方位的监控、验收和考核，以确保工程项目的高效运作和最佳效益。

3.3.2 理顺明确了工程项目管理新型运行机制的企业内部三层关系

按照项目管理系统的内在联系、功能要求、运行原理、机制特征，通过推行项目资源优化配置，动态组合，科学管理，理顺了企业、项目和作业三个层次之间的关系。

首先，强调明确了企业层次是经营利润中心，涵盖主体法人的责任范畴，它包括三个主体：市场竞争主体，合同履约主体，企业利润主体。其次，明确了项目层次是管理实施执行中心，负责并确保工程项目的质量、安全、工期、成本等各项管理目标的实现。进一步明确了企业层次与项目层次之间关系为服务与服从、监督与执行的关系，也就是说企业层次管理机构的设置与生产要素的调控体系要适应并服务于项目层次的优化配置。项目层次生产要素的配置需求与动态管理要服从企业层次的宏观调控。项目层次与劳务作业层次不存在上下级关系，是相互平等、合作共赢的劳务合同关系。劳务作业层次的发展方向是专业化、独立化和社会化；企业法定代表人与项目经理是委托授权与授权管理的关系，他们之间不存在集权和分权的问题，项目经理要按照法人代表授权范围和职责要求，做好工程项目全面管理，从而形成了"总部服务调控、项目授权管理、专业实施保障、社会力量协作"建设工程项目管理新型运行机制。

3.3.3 创建形成了"四位一体"为主线的工程项目管理新型运行体系

中国建设工程项目管理的实践比较集中鲜明的特点是创建和形成了以"总部负责、过程精品、标价分离、项目文化"四位一体为主线的建设工程项目管理的新型运行体系。

一是"统筹策划、依制建队、各司其职、管控项目"的项目管理服务保障线。企业作为市场的主体，是工程项目成功竞标的核心力量，坚持"公司总负责，法人管项目"是企业层次协调各方、各司其职、各尽其责、上下配合、形成合力，确保工程项目管理目标实现最佳效益的强大支撑。

二是"细化管理、工序控制、节点考核、奖罚严明"的项目管理质量安全线。即运用信息技术加强制度建设，抓好细化管理，通过推广运用 BIM 技术与智慧工地、人脸识别、数据决策等创新技术，建立和完善工程项目全生命周期的施工管理与质量安全监管制度。

三是"逐层负责、精耕细作、集约增效、单独核算"的项目管理经济效益线。工程项目中标后项目部在企业规定包干的经济指标范围内按照"项目经理主管全面、分管副职专业对口、各级管控逐层负责的原则"，分解压实经济责任，精准计划工程预算，择优组织集采物资，严格财务收支管控，强化项目成本核算。

四是"以人为本、党建引领、文明施工、CI 标识"的项目管理文化展示线。工程项目建设工地是脑力和体力劳动的聚焦点，要充分体现以人为本。第一，要考虑为劳动者创造安全舒适健康的活动场所；第二，要围绕激发和调动人的主动性、积极性、创造性，开展表彰宣传弘扬先进等各项活动；第三，发挥党支部建在项目上的政治优势和引领作用。加强项目现场文明施工和环境美化，充分展示企业和项目履行责任，服务社会、保障民生的企业形象。

3.3.4 完善形成了工程项目管理科学运作的保障机制与管理目标

工程项目管理的成功重在有科学合理的运作保障机制和目标策划作后盾。35年来我国建筑业企业在推进工程项目管理改革发展中之所以能够取得较好的效果，就在于特别注重对项目管理实践探索的成功经验进行及时系统的总结提升和推广应用。

一是依据项目管理系统性的原理，结合建筑业推行工程项目管理的成功经验，界定明确了项目管理的主要特征是动态管理，优化配置，目标控制，绩效考核。组织机构是"两层分开，三层关系"，即：管理层与作业层分开，正确处理好项目与企业层次、项目经理与企业法定代表人、项目经理部与劳务作业层的关系。推行主体是"二制建设，三个升级"，即：通过加强与推进项目经理责任制和项目成本核算制度建设，促进和实现建造技术进步、科学管理升级，工程总承包及资本运营能力升级和人力资源、智力结构升级。运行机制是总部服务调控，项目授权管理，专业实施保障，社会力量协作。

二是参照国际项目管理九大知识体系，在建筑业推进工程项目管理实践探索和理论研究的基础上规范了我国建设工程项目管理的基本内容为"四控制，三管理，一协调"，即工程质量、安全生产、形象进度、项目成本四控制，现场要素、信息沟通、合同履约三管理和组织协调。

三是按照国家建设主管部门的有关政策法规和要求提出了建设工程项目管理"四个一"的总目标，即：形成一套具有中国特色并与国际惯例接轨、适应市场经济、操作性强、较为系统的工程项目管理理论和方法；培养和造就一支具有一定专业知识、懂法律、会经营、善管理、敢担当、作风硬的工程项目管理人才队伍；开发应用一代能较快促进提高生产力水平提高和经济含量的新材料、新工艺、新设备和新技术；建设推广一批高质量、高效率、高速度，充分展示建筑业科技创新水平和当代管理实力，具有国际水准的代表工程。

3.4 "项目生产力论"的创新研究与再深化

党的十八届三中全会提出了"推动生产关系和生产力上层建筑与经济基础相适应，必须遵循市场决定资源配置这一市场经济规律"。党的十九大明确指出中国特色社会主义进入了新时代，要让市场在资源配置中起决定性作用，同时要更好发挥政府作用，科学地判断我国社会的主要矛盾已转化为人民日益增长的美好生活需要和不平衡不充分的发展之间的矛盾。经过改革实践结合学习党的十八大、十九大精神，我们深刻认识到进入新时代，建筑业要保持高质量持续发展，首先要看清楚现代社会主要矛盾以及消费需求发生的变化给建筑市场带来的挑战。

3.4.1 党的十九大就我国社会主要矛盾的判断为"项目生产力论"创新研究指明了方向

党的十九大关于建设现代化经济体系，把社会主义制度和市场经济有机结合起来，极大地解放和发展社会生产力，极大地解放和增强社会活力的总要求，为建筑业巩固推广改革发展的成功经验，继续深化建设工程管理体制改革，应对市场需求变化，把市场规律、制度建设、工资分配和项目运行机制有机地统一起来，进一步完善项目管理制度，优化组织机构，与时俱进，行稳致远，提质增效指明了方向。

从生产力与生产关系的辩证统一视角来看，党的十九大对我国社会主要矛盾做出了新的判断，深刻反映了我国经济社会发展一般规律和特殊规律的认识。随着人民对美好生活的向往，建筑物作为人们生活的生态环境空间不再只是单一质量合格的建筑居住需求，而是要求在突出质量安全保证建筑使用功能基础上，对符合业主宜居住房建设工程全生命周期的建筑设计、材料生产、质量标准、施工技术及绿色环保、人文管理等都提出了新的要求。这就必然对建设工程项目管理原有组织形态与建造方式进行冲击，同时也必然形成生产力和生产关系新的矛盾。如何把握好在社会经济发展和市场需求变化的大背景下，项目生产力与生产关系的变与不变对我们进一步研究深化创新发展建筑项目生产力，促进新时代建筑业高质量发展至为重要。一是因为随着后工业化、信息化和建筑产业现代化以及数字经济发展的进程，项目管理的优化升级更能在激烈的国内外市场竞争中具有很强的优势。二是供给侧结构性改革和人民幸福生活水平提高的需求，党和国家以问题为导向，围绕新时代建设工程安全、适用、经济、绿色、美观的方针，对建筑业的各项活动和建筑产品也随之制定了新标准并提出了新的要求。对于建筑产业升级的选择，必然是高质量持续健康发展。高质量发展是讲究产品质量与企业市场诚信对业主禀赋的依赖。三是在组织形态上不少企业实行了项目股份合作制，促使项目分配制度按劳和按生产要素的投入进行再分配，给项目参与人员带来了强劲的动力。这一共享项目丰收成果的巨大变化有望成为今后研究深化和提升工程项目管理水平一种新的发展理念和组织形态。

历史唯物主义认为，生产力与生产关系的矛盾始终是人类不同社会形态的基本矛盾，是国家经济社会发展的一般规律。所以生产力和生产关系的矛盾要必然被应用于具体行业的具体时期，并转化为国家经济社会发展的特殊规律。从理论逻辑与实践逻辑来看，在国家经济同一个阶段里，生产力和生产关系都可以有不同的层次。好的经济制度能够不断激发社会活力，把社会主义制度和市场经济有机结合起来，就能不断解放和发展社会生产力的显著优势。35 年来，建筑业学习推广鲁布革工程管理经验的核心，正是从这视角出发，从当初计划经济到适应市场经济，再到"项目法"施工和提出"项目生产力论"，为实现新时代不断完善建设工程项目管理制度创新，提升项目生产力水平，促进建筑业高质量、高科技、高效益发展奠定了理论基础。党的十九大关于我国主要矛盾的判断告诉我们在深化提升项目生产力理论研究延伸中，必须注重提升项目生产力三大要素的变化。无论是劳动者需求的改变还是劳动资料和劳动对象的改变，其实质决定于在生产力与生产关系研究上要以满足人们对住房质量、环境保护、功能使用的新需求上下功夫。由此我们得出了在进入新时代时应对市场变化给建筑业带来的挑战依然是要加快现代工程项目管理的优化升级，其本质是更要集中体现在推进项目管理中科技的进步与管理创新，最核心的是马克思关于生产力理论与党的十九大习近平新时代中国特色社会主义思想强有力的指导。

3.4.2 习近平新时代中国特色社会主义思想为提升发展项目生产力赋予了新的内涵

党的十九大确立了新时代的指导思想，描绘了新时代实现"两个一百年"奋斗目标的宏伟蓝图，明确指出发展是解决我国一切问题的基础和关键，发展必须是科学发展。而生产力又是判断一个国家经济社会发展的重要指标。实践发展永无止境、认识真理永无止境、理论创新永无止境。任何理论都需要在实践中与时俱进，不断充实、完善和发展。实践提升理论，理论指导实践，实践又为理论发展和创新提供原动力。进入新时代要求我们必须以习近平新时代中国特色社会主义思想为指导，探索规律，勇于实践，不断进行思想观念的更新、发展理念的创新，与时俱进地拓展提升项目生产力水平新的理论内涵，创造新的理论价值，适应新的行业发展脉搏，才能永葆活力。

1. 以新发展理念为指导，不断提升"项目生产力论"的创新研究水平

自从党的十七大提出科学发展观到十九大习近平新时代中国特色社会主义思想，都已为"项目生产力论"研究深化赋予了新的内涵。一是科学发展观和十九大报告强化了人的核心地位和作用。建筑业总体上讲是一个劳动密集型的行业，为社会就业吸纳了大量的劳动力。科学发展观和十九大报告坚持以人民为中心的发展思想的核心内容和基本方略就是坚持"以人为本"，强调要在建设中国特色社会主义的伟大实践中，包括在工程建设中，特别是工程项目施工现场是脑力劳动和体力劳动的集散地，少则几百人，多则上万人。由于过去相当一段时间忽视对一线操作人员的培养，劳动队伍流动管理松懈，已成为当前项目管理成功的关键，所以进一步提升项目生产力水平必须突出劳务层的管理与建设，选择好项目劳务队伍，注重抓好操作工人技能培训，尊重产业工人的主体地位，充分发挥广大建设者的首创精神，调动他们的积极性和创造性，依靠全体员工的智慧和力量促进经济社会和行业

又好又快地发展。

二是党的十八大提出"加快产业结构调整，转变经济增长方式"。十八届三中全会又提出"加快转变经济发展方式，调整优化经济结构"。从经济增长方式到发展方式，从调整结构到优化结构，虽是几字之变，但其内涵发生了由数量到质量的提升，强调发展速度和发展质量的高度统一。比如以 GDP 为例，我国过去 30 年的增长率平均在 9% 以上，但主要是靠资本的投入和劳动力的贡献，其中技术含量不足 30%，而日本 GDP 增长主要靠高科技，约占整个增长率的 70% 以上。所以当前在推进行业高质量发展，调整优化产业结构中，更要注重创新驱动，从低端投入向高端管理和高科技含量的关键核心技术研发应用投入，努力提高企业的自主创新能力，以及加快施工技术创新工艺革新提升项目管理水平。

三是新时代我国社会主义主要矛盾是人民日益增长的美好生活需要和不平衡不充分的发展之间的矛盾，这是关系到全局历史性的变化。显然，新的判断从生产力与生产关系视角入手，更有利于我们深化工程项目管理，提升"项目生产力论"研究深化的准确把握。改革开放 40 多年来，特别是学习推广鲁布革工程管理经验 35 年来建筑生产力虽然有了巨大的提升和飞跃，但从建筑业生产力发展的历史看，党提出从"落后的社会生产"转向不平衡、不充分的发展是有科学依据的，是理论与实践辩证统一的及时回应。就建筑业来讲，虽然"三个落后"的状况已成为过去式，但由于建筑业是一个劳动密集型行业，过去的生产力水平落后是多方面的，经济增长依靠大量自然资源和廉价劳动力投入，生产方式、队伍素质、技能水平以及生态环境污染、企业国际竞争力低下等问题仍然在一定范围内存在，还很不适应当代实现"两个一百年"新任务、新目标的需要。必须通过深化改革，加快转变发展方式，紧跟时代脉搏，在习近平新时代中国特色社会主义思想指导下，全面贯彻"创新、协调、绿色、开放、共享"新发展理念，强调人与自然环境的和谐关系相协调，促进行业发展在内的全面进步，走生产发展、人文发展、绿色发展、科技发展、资源节约、生态良好管理科学的建筑业高质量发展道路。

2. 深入学习贯彻十九大精神，反思和挖掘"鲁布革冲击"的深刻内涵

当前在深入学习贯彻党的十九大精神，围绕转变建筑业生产方式与高质量发展的同时，对鲁布革冲击进行重新认识和反思，引发了我们对项目生产力内在要求和核心价值的深入思考。鲁布革水电站工程建设经验是对我国计划经济体制下施工生产方式的冲击。一是鲁布革把外资引进来，冲击了传统的投资管理体制；二是鲁布

革把竞争引进来，冲击了工程建设任务的计划分配体制；三是鲁布革把工程成本概念引进来，冲击了国有企业只讲施工生产进度、不计经济效益地吃"大锅饭"的非物质生产单位的观念；四是鲁布革把先进施工工艺提炼为工法引进来，冲击了施工企业技术滞后、传统落后的施工方法；五是鲁布革把科学的组织结构形式引进来，冲击了国有企业以行政建制为主的四级管理、三级核算体制。这五个引进和冲击今天仍然是我们研究挖掘深化建设工程项目管理"工期快、成本低、效益好"三要素，创新发展提升项目生产力水平的本质要求，它为建筑业进入新发展阶段深化工程项目管理创新形成"低成本竞争，高品质管理，新方式发展，增综合效益"的新理念提供了驱动力。

回首推广鲁布革工程管理经验和提出"项目生产力论"作为支撑在建筑业生产方式变革中所起的积极作用，再反思建筑业目前存在的问题，可以看到过去三十多年，我们虽然已经取得了辉煌的业绩，但这个成果还只是阶段性的。进入新时代，以习近平新时代中国特色社会主义思想为指导，充分发挥市场配置资源决定性作用和发挥政府作用，进一步深化建设工程项目管理体制改革，完善工程招标投标制度，营造实现公平竞争、优胜劣汰、规范有序的建筑市场任务还远远没有完成。随着我国供给侧结构性改革的深化，国内外市场竞争激烈，金融危机时起时伏，国内经济体制深层变革，社会结构深刻变动，利益格局深度调整，产业结构不断优化，经济效益有待提高，经济社会发展下行压力持续加大。面对各种纷至沓来的挑战，建筑业必须按照新时代党和国家的战略部署，不断更新发展理念、与时俱进，进一步拓展新的理论内涵，创建新的核心价值体系，适应新的发展脉搏，以更大的政治勇气和行业智慧不失时机地深化建设领域改革，全面审视研究和提升创新"项目生产力论"，解决好当前制约建筑业高质量发展的外部因素及转变发展方式与企业转型升级的深层次问题，从而更好地适应新形势下解放和发展建筑生产力的社会需求。

3. 以问题为导向，创新研究"项目生产力论"，促进建筑业企业转型升级

改革开放以来，党和国家一直强调改革的目的，最根本的在于解放和发展社会生产力，要把解放和发展生产力作为解决社会主义社会基本矛盾、提高人民群众生活福祉的出发点和归宿。建筑业提出创新提升项目生产力，其目的也是要结合行业实际，进一步解放和发展建筑生产力，对不适应提升项目生产力的管理机制进行深层次改革。建筑业生产方式的第一次变革，是针对企业内部管理体制的配套改革而

言，主要从施工项目现场管理和后方生活基地建设入手，比较重视解决企业内部资源的配置和运行效率，强化了项目经理在项目管理中的地位和作用，加大了安全、质量、进度和综合效益等目标的管理力度，促进了企业内部经营机制转变和一定程度上建筑生产力的提升，较好地适应了社会主义初级阶段市场经济的建立和发展。

今天站在建筑业持续高质量发展的高起点上来审视和研究提升创新"项目生产力论"，不单是为推进和深化项目管理，促进企业自身发展的问题，更重要的是有利于研究和解决制约建筑业改革发展的外部因素。当前建筑业不但存在"三高一低"的问题（劳动生产率低、产值利润率低、产业集中度低、工程交易成本高），还存在着两大突出矛盾，首先是极不合理的产业结构导致产能过剩和建筑市场恶性竞争，其次是传统落后的建筑生产方式严重困扰着建筑业的持续发展。比如，工程招标投标领域不但围标串标的现象严重存在，而且成了滋生腐败的重灾区，如何在政府主导下充分发挥市场配置公共资源的基础性作用，对于治理腐败，规范建筑市场，为企业公开、透明地参与工程招标，依法公平竞争，促进高质量发展清除发展障碍，急需要有关方面加以研究解决。还有业主违规肢解工程为什么屡纠不改，反而国际上通用的工程总承包方式在我国推进了近 20 年却举步艰难等诸如此类的问题，都很需要我们进一步在改革发展中认真思考、加以研究并向政府主管部门提出建设性意见，以便政府出台符合市场规律的相关举措，为企业排忧解难，创造持续高质量发展的外部环境。另外，在经济下行压力大的背景下，不少企业积极响应政府号召运用 PPP 模式投资城镇化建设项目，但工程后续的风险也需要政策支持予以保障。大家知道 2008 年，我国为应对世界金融危机，扩内需、保增长，财政拿出 4 万亿投资基础设施建设。这么庞大的一揽子投资计划，曾对建筑业的拉动产生了重要的影响，但随着一大批项目的完工审计，相信我们要总结经验和教训。

重视研究解决好项目生产力与生产关系的问题，更要结合国家深化供给侧结构性改革的要求，研究解决建筑业转型升级中存在的深层次问题，以适应经济发展新常态做好市场精准定位，进一步拓展经营发展空间。比如：在新形势下，建筑业如何以问题为导向，谋划企业转型升级，做到固根基、扬优势、补短板、堵漏洞、增强企业内生动力。房屋建筑企业如何从单一的施工承包向基础设施乃至提供各类项目全方位、全过程管理服务的产业链延伸转变；传统产业的项目管理如何向运用信息技术，实现现代项目管理优化升级的转变；较为落后的生产方式和建筑工业化水平如何向新型建造方式和建筑产业现代化转变等。通过这些研究探索，清晰地回答好"为什么转型，向何处转型，怎么转型"的命题，以便结合巩固发展建设工程管理体制配套改革的成功经验和做法，更好地挖掘建筑业深度改革发展的内在潜力，促进和适应新形势下生产关系的变化，提升项目生产力水平，推动和促进建筑业高质量发展与企业转型升级。

总之，在总体目标上，就是要以习近平新时代中国特色社会主义思想为指导，通过建筑业企业和广大建设者的不懈努力，加快行业发展方式转变，大力推进新型建造方式，自始至终扭住建设工程项目管理创新这个牛鼻子，努力提高项目治理能力现代化，用新时代建筑业改革发展创新的卓越成果促使建筑业从根本上转变为一个高贡献率产业，一个低碳绿色产业，一个自觉履行社会责任、被社会尊重的诚信产业，一个具有较高技术含量和管理创新水平的现代产业！

但是，我们也要看到，建筑业又是一个很传统的产业和劳务密集型的行业，特别是目前又面临着诸多深层次的矛盾，转变发展方式实现高质量是一个艰难的历程，可能需要我们建设工作者整个几代人的努力，广大的建筑业从业人员注定将担负更多的责任和使命。

3.4.3 创新研究"项目生产力论"必须高度关注建筑生产力要素的变化

深化建设领域改革，创新发展和提升"项目生产"论，促进建筑业高质量发展和企业转型升级要抓住主要矛盾，善于在重点问题上突破转变。综合三十多年的改革发展和工程项目管理的理论研究与企业转型升级的实践，可以看出目前建筑业在生产方式有了很大的变化。

1. 劳动者的变化

劳动者其实就是"劳动的人"，是对从事劳作活动一类人的统称。其一，劳动者可谓参加劳动的人，包括体力劳动者和脑力劳动者；其二，是以自己的劳动收入作为生活资料主要来源的人。从最初计划经济时代大众化"大锅饭"的劳动管理模式，转变为劳务层相对独立的按劳分配运作模式，使得劳动力表现更集约、更专业、更高效。20世纪90年代初期提出来的管理层与劳务层"两层分开"组织生产的方式，使得项目管理目标更突出、管理更顺畅，体现了建筑业生产力的进步。但当时建筑生产力的解放发展主要在于劳务层廉价劳动力和农民工的输出。随着经济社会和建筑业产业现代化的推进，建筑活动随之发生了根本性的变化，对劳动者的要求越来越高，逐渐由传统的廉价劳动力输出向专业型、高技能、高素质和综合型过渡。这是因为劳动者作为生产力的主导需求因素，要强调劳动者应对劳动对象应有的综合能力和综合效率。主要表现在三个方面：一是管理人员要有一批具备一定专业知识，特别是高端人才要专技术、会管理、懂法规，懂经营与善协调，成为相对的复合型人才。一般业务人员也由单一的某一岗位工作者变成了具备一专多岗位，能够胜任较多工作的综合脑力劳动者；二是新型建造方式要求一线操作工人，具有一定的文化和技术素质，能够适应复杂工艺革新应对综合技能的要求；三是智慧化建造要求有一批劳动者还要能够驾驭先进的技能工具和智能设备。

2. 劳动资料与生产方式的变化

劳动资料也称劳动手段，它是劳动过程中所运用的物资资源或物资条件，是劳动者和劳动对象之间的媒介，其中最重要的是生产工具。马克思曾经说过，各种经济时代的区别不在于生产什么，而在于怎样生产，用什么劳动资料生产。劳动资料因素主要以生产工具和设备作为先进生产力发展水平的关键性标志，体现了极大的进步，先进工器具和设备的使用，降低了劳动强度，提高了劳动效率，改善了作业环境，保障了劳动者的生产安全和职业健康，充分体现了以人为本的发展理念。在这里特别指出的是劳动资料的变化与生产方式变革具有紧密的联系。正如马克思中指出的"以劳动生产条件也就是它的生产方式，从而劳动过程本身必须发生革命，必须变革劳动过程的技术条件和社会条件，从而变革生产方式本身以提高生产力"。建筑业在相当长一段时期内始终停留在传统劳动资料的使用上，随着社会进步、科技创新和新型建造方式的发展，极大地刺激了生产力进步，劳动资料也随之改善。新材料、新方法、新工艺、新工具、新设备层出不穷、日新月异。尤其是奥运工程、世博工程、三峡工程、高铁及大跨度跨海桥梁和隧道工程掀起的施工技术创新新潮，对劳动资料的要求愈来愈向高科技、高效能、高质量和低消耗的发展方向转变，出现了一大批生产能力强、工作效率高、劳动强度低、节能、减排、绿色环保的生产工具，促使劳动资料更应体现智能化、人本化和低碳化。

3. 劳动对象的变化

劳动对象通称为把人们的劳动加在其上一切物质资料，一般分为两类：一类是没有经过加工的自然环境中的物质，如矿山、森林；另一类是经过加工创造的产品，如钢铁、建材及构筑物等。劳动对象是生产力中最必不可少的要素，劳动对象的数量、质量和种类对于生产力的发展具有关键的影响。就建筑业而言，工程管理、建筑质量、建筑造型、建筑功能更是呈现跳跃式发展。尤其是进入新时代全面实行工程项目管理创新，促进了建筑产品质量和功能质的飞跃。经过三十多年的发展，劳动对象也在发生着质的飞跃，建筑高度、技术难度、项目规模体积日渐加大空间、地下发展日新月异，水利、交通、电力等工程规模不断加大，对建筑业提出新的挑战。同时结构、功能和使用需求持续改进，从而使得劳动对象日渐抽象、复杂。我们应当清醒地认识到，建筑业生产力的进步、生产方式的改进，应当重点关注和引导建筑产品逐渐向科技型、低碳型、智能型和人文型转变。

随着科学技术的日新月异进步，建筑业生产方式转变应体现信息时代、科技时代、数字经济时代和人文时代对建筑产品的需求，从结构、功能、施工实施到运行管理以及全过程服务均应体现智能型和人文型建筑的高端需求。深刻领会资源节约和环境友好的发展要义，充分体现环保、节能和循环经济，努力实现建筑产品全寿命周期的低碳经济，提升建筑业的整体运营能力。进一步完善建筑功能，加强科学技术和优质产品的建筑应用，加强专利技术、知识产权、优秀工法的挖掘、开发和应用工作，提高建筑设计、建筑施工和建筑产品使用的科技含量，促进建筑业企业在建筑产品全寿命周期各环节中能力和适应的深层次变革已势在必行。

3.4.4 创新研究"项目生产力论"要着力促进建筑生产关系的转变

我们知道生产关系包括生产资料所有制关系、生产中人与人的关系和商品分配关系。在生产关系中生产资料所有制关系是最基本的，它是人们进行物质资料生产的前提。生产、分配、交换和消费关系在很大程度上是由这种前提决定的，所以是最基本的、最有决定意义的方面，它是区分不同生产方式、判定社会经济结构性质的客观依据。但生产关系的其他方面对生产资料所有制关系也具有重要的影响和制约作用，当他们适应时会对生产资料所有制起巩固发展的作用，反之会起削弱瓦解的作用。

所以在这里有必要指出的是研究创新和发展提升项目生产力，必须重视项目生产关系的研究，因为项目生产关系主要体现在项目管理中各实施主体之间的地位和相互关系，以及利益分配和责权划分对生产关系的转变。主要表现在以下三个方面。

1. 项目管理各利益相关方之间利益关系的转变

由于参与项目管理各实施主体与利益相关方的所有制组织形式不同，在工程实施招标投标以后，长期以来各实施主体之间的利益关系始终处在彼此独立、甚至对立相互牵制的层面。进入新时代，创新发展和提升项目生产力必须在实施项目管理过程中不断调整生产关系，转变生产方式，坚持平等互利、共赢互惠的合作原则，倡导建立项目管理目标利益一体化的合作共赢关系，改进承发包模式和合同管理模式，体现责任、权力和利益高度一体化的合作。改变合同管理理念，真正做到以人为本、和谐发展、目标一致的管理风格。改变狭隘的小团体利益追求思想，避免相互扯皮推诿作梗，减少合同纠纷，保持公正、平等健康的合同履约关系。

2. 项目利益相关方各实施主体之间地位和关系的转变

当前传统的建设单位、投资单位、设计单位、监理单位以及施工、供应和劳务单位之间的地位和关系已发生了明显的转变。尤其随着工程总承包、代建制、项目管理咨询公司制等多种市场形式的出现，各实施主体之间地位和关系逐渐向平等、互利的方面转变。建设工程项目管理体制改革第一次生产方式变革初，我们提出的"四控制、三管理、一协调"，主要针对承包商管理而言在生产管理处理上比较注重的是承包商与业主的关系，而把项目参与方各实施主体之间的地位和关系协调一般定为近外层和远外层。由于相互之间所处的地位不同、关系不同，较多层面体现了相互对立、相互矛盾、相互牵制的生产关系，最终导致不同层次之间的协调原则和方法也有所不同，无形中造成了项目管理中的诸多矛盾，不同程度上阻碍了项目生产力的发展。随着国家推进治理体系和治理能力现代化的加快，建筑业生产力的进步决定生产关系也随之转变，以适应五方责任各主体之间的地位和关系，推动项目各利益相关方围绕工程项目总目标建设形成一个大的组合团队，用团队的理念去凝聚，用团队的方法去工作，用团队原则去沟通，最大限度地体现各实施主体之间的共赢合作与和谐高效。

3. 项目各利益相关方实施主体之间责权利划分的转变

责权利清晰划分是项目管理的特色工作与成功的保证，随着国家建设主管部门对五方责任主体责任划分的新规定，传统的责权利关系已不存在。必须适应项目生产关系与项目生产力提升的需要，充分体现职责明确、责任共担、权力共融、利益共享的管理理念。针对建设项目，各责任主体在划清界限的同时，要充分体现全盘负责的思想，真正做到分工不分家，以高度的责任心对项目负责、对社会负责、对使用者负责；对各方的权力，避免片面追求，在项目范围内既要做到权力渗透、交叉和融合，又要体现权力的科学化和个人性化管理需求。从而进一步研究责权利的引导和约束机制，提高项目各利益相关方实施主体之间的合作层次，围绕项目整体利益相互配合，从长远合作的高度处理合作与利益关系。

3.5 "项目生产力论"实践应用与发展提升

习近平总书记指出，我国正进入高质量的新发展阶段，经济正处于转变发展方式、优化经济结构、转换增长动力的重要战略机遇期。经济发展前景向好，但也面临的结构性、休制性、周期性问题相互交织所带来的困难和挑战。但总体上看，机遇大于挑战。站在这个新的起点上，正确认识我们党和人民事业所处的历史方位和发展阶段，既是我们明确党和国家赋予的阶段性任务，又是我们制定行业发展路径的根本依据。伟大出于平凡，理论来于实践，反过来又指导实践，理论研究只有与实践紧密联系才能发挥作用、产生效益。新阶段促进建筑业高质量发展，必须以习近平新时代中国特色社会主义思想武装头脑，按照发展是第一要务、科技是第一生产力、人才是第一资源、创新是第一动力的原则，紧紧围绕推进和实现建筑产业现代化这个总目标，以不断提升创新项目生产力水平为主线，指导建筑业改革发展创新的全过程，准确把握"五个走向"，坚持"四个创新"，始终着眼"三个提升"，明确转变"两个竞争"。

3.5.1 提升项目生产力水平，促进建筑业高质量绿色发展必须把握新阶段"五个走向"

当今世界科学技术日新月异，新发展阶段项目管理国际化凸显，两种同步交织，相互激荡，要义是发展和现代化问题。从工程建设领域来讲，本质是工程项目管理秩序与治理能力的重塑，项目生产要素配置优化的加大，项目管理制度与项目治理体系的不断完善。

随着进入新发展阶段和"新五化"理念的深入，特别是新型城镇化建设速度的加快和人民对美好物质生活的追求，工程项目投资主体多元、建设规模与技术难度不断加大，第四次工业革命方兴未艾，智能建造、智慧工地、信息技术、数字建筑蓬勃发展，将深度改变人类生产与项目管理的组织方式。项目治理机制、项目管理手段、项目职业能力比拼及业主对项目管理高端服务的要求将成为发展提升项目生产力的重要因素，蕴含着极大的机遇与挑战。所以必须紧跟时代步伐，准确把握"五个走向",即:工程项目管理由过去推广普及阶段进入了"高品质管理、低成本竞争"新发展阶段的新走向;工程项目管理由传统管理模式转向运用信息技术提升现代项目管理优化升级的新走向;工程项目管理由不同主体的单项施工承包进入了以工程总承包为主流模式的新走向;工程项目管理从以承包商单一管理进入了以项目寿命期多方责任主体全过程咨询管理为趋势的新走向;工程项目管理从现场文明施工上升到以"党建、人文、科技、绿色",创新项目文化建设为标志的新走向。推动建筑业高质量发展,必须准确把握上述四个走向,突出管理创新,不断提升项目生产力理论研究和实践的应用水平,从而谋划促进建筑业企业结构调整和管理服务模式的全面升级。

3.5.2 提升"项目生产力论"水平,促进建筑业高质量绿色发展必须深化项目管理"四个创新"

建筑业高质量发展体现在企业每一个工程项目管理水平和综合效益的提升。这里包括对项目承包方式、过程管控、人才储备、装备供给,特别是管理创新提出了更高的要求。这是因为管理创新是深层次的改革,"管理为纲,纲举目张",举纲而万目张、解一卷而众篇明。就是要以管理创新总揽全局。管是控制,理是疏导,创新是魂。先理后管、多理少管、伦理必管、管理并进、注重细节是提高和实践创新能力的高级表现,有别于常规和常人的思维,这是促进企业高质量发展的智慧大脑。因为企业一切经营生产活动都要通过管理来实现。近几年来行业层面一直在倡导企业转型升级,转型固然重要,但升级才最为关键。管理升级无止境,管理的重心要放在企业和项目层面,而最基础、最关键的环节是深化创新项目管理、提高项目治理能力现代化,这就是说要夯实基础,筑牢根基。

第一,管理理念创新。理念创新是引领创新发展的原动力,思想是行动的先导,理论是方向的指南,文化是方向的血脉,创新是发展的源泉。工程项目管理的价值已从过去的经济价值转向了社会价值,其管理方法与治理体系也由过去传统的滚轮转向信息化、智能化、数字化等现代化管理。项目目标管理也已从过去仅考虑成本、质量、安全、进度转向追求环保、社会等多元化指标的卓越化管理。这些转变都将体现项目管理理念的创新,所以坚持项目管理创新必须以党的十九大提出的新发展理念为指导,不断解放思想,善于用创新的思维去审视、研究、解放、发展建筑生产力,提升项目生产力水平。

第二,管理技术创新。技术创新是提升项目生产力的源泉和重要支撑。深化项目管理，要把推进技术创新摆在关键位置，牢牢把握新时代世界科技发展和产业革命的大趋势，围绕提升项目生产力水平，大力推广和应用 BIM 技术为主的信息技术。随着云计算、物联网、大数据、人工智能、智慧工地，特别是 BIM 技术的日趋成熟，推广应用 BIM 技术将进入深水区。其应用核心和价值在于参数化带来生产效率的提高，已成为推动传统产业升级、提高建筑项目生产力水平和企业高质量发展的驱动力量。同时带动了企业管理和项目管理新型办公模式的发展，也为"法人管项目"提供了线上云服务平台。当然 BIM 技术不但要在管理层加大推广应用力度，也要立足抓住项目管理应用点和轻量化，"提升"和"下沉"到操作层。

第三，管理方法创新。管理方法创新是提升项目生产力水平的重要保证。任何一个项目本质上都是一个复杂的系统工程，关键是要理清管理思路、采用先进方法、把握关键环节、制定有效举措，围绕工期、质量、安全、成本以及绿色施工等多项目标，坚持运用敏捷和适用创新的理论和方法有机地处理好，有利于不同工程结构类型、地域环境、人员流动、物价浮动、资源配置、方案优化等系统管控。在进度管控中必须按照工程的特点和合同履约，科学编制项目管理规划，充分运用 BIM 技术从项目进度计划与时间安排快速细化到每个工序级（分包单位实体工作包）的控制点。质量安全管理方法创新重在落实责任制度，结合贯彻 ISO 9000质量管理标准和"质量安全两个条例"，依据创建鲁班奖工程的管控标准和方法抓好工程项目建设。成本管理创新是提升项目绩效的核心。其管理的各项活动都是围绕着效益目标展开，要结合"营改增"改革，从投标、承揽任务开始到项目竣工交付使用每个环节做好成本管控，增强洽商索赔意识，重点是运用互联网技术，实现物资、采购、供应、使用一体化管理。由于项目的单件性，每个项目相对独特，在管理方法创新上必须按照项目功能需求变化，建立完整的管理台账和全过程的信息追溯，因地制宜、灵活开阔地纳入项目管理方法创新之中。同时要加大项目责任追究、风险抵押、成本监控、绩效考评的无缝深度融合。

第四，管理模式与机制创新。管理模式与机制创新融为一体，是提升项目生产力水平的组织保证和有效途径。传统的管理体制与现代组织形式都有不同。过去建筑企业多为总公司、分公司、工程队三级管理，建造工艺和方式主要是现场作业为主，现在是装配化、绿色化、智慧化方式建造，有事业部制、矩阵制，还有模拟股份合作制。其管理模式可以是承包商，也可以是咨询公司和分包单位。比如，总承包企业就要研究以推进工程总承包（EPC）为主流模式兼顾 BOT、PPP 等新型融资模式创新，工程咨询企业主要以推行 CM、PM、PMC 等全过程咨询创新商业服务管理模式。同时要结合国际工程承包，适应"一带一路"建设，实施"走出去"战略的需要。"一带一路"建设其组织结构、管理方式、运行流程、制度建设、资源配置、文化底蕴、责任划分都发生了根本性变化。这就要求在新发展阶段进行管理模式和机制创新中，要高度重视解决好把新型建造方式和现代项目管理方法及国际工程承包模式创新深度融合，以引领总承包企业实现集约化、精细化、专业化、品牌化、国际化的跨越式发展与整体转型升级，更高层次上嵌入世界产业链的战略载体。

3.5.3 提升项目生产力水平，促进建筑业高质量绿色发展必须坚持"三个提升"

工程项目管理是以优质产品和最佳效益追求为目的的现代化管理。解放发展建筑生产力必须不断深化项目管理模式创新，紧紧围绕项目经理责任制和项目成本核算制，强化两层建设，全面提升建设工程项目管理理论研究与实践应用的创新水平。

一是要始终坚持以项目经理责任制为核心，加强以项目经理为责任主体的项目团队建设，着力提升建设工程项目治理水平与项目治理能力现代化；二是要大力推进和发展智能化建造，运用信息技术建立形成新型建造方式下工程项目生命期集成化管理的运行体系，着力提升工程项目管理全过程的创新水平；三是要高度重视一线操作技能工人培育为基点，突出从业人员岗位技术等级考核，强化劳务层建设，着力提升全员智力结构和行业整体素质。

"三个提升"的要害是项目团队要切实转变思想观念，加快推进项目治理体系建设和治理能力现代化，强力执行项目管理目标，不断优化项目运作流程，着力提升全员工作效率，严格控制项目成本，建立完善项目管控标准，健全考核机制和奖罚制度。其目的在于促进工程项目管理各利益相关方，首先是项目经理要按照团队精神树立责任意识和创新理念，心无旁骛地抓好项目管理，塑造和践行"以人为本、安全为先、质量为基、科技为源、管理为纲、绩效为佳、创新为魂、奉献为荣"和"成果共享"新的工程项目管理核心价值体系。进一步明确创新发展提升项目生产力水平的核心是坚持把"以人为本，成果共享"作为项目管理与治理的出发点和落脚点；项目管理与治理的永恒主题是确保工程质量与安全生产；项目管理与治理的支撑是科技进步与工艺革新，项目管理与治理的要义是"管理为纲，纲举目张"，项目管理与治理的目标是规避各类风险，实现项目经济、社会和环境最大效益；项目管理与治理的责任是关注民生、履行责任、奉献社会。同时要特别注重建立完善按生产要素和按劳分配为主体、兼顾效率和公平的分配机制，极大地调动了管理者和劳动者积极性，为提升项目生产力水平提供制度保障。并以此激励人心、凝聚团队、增强活力、提高动能，实现工程项目最佳效益。

3.5.4 提升项目生产力水平，促进建筑业高质量绿色发展必须加快转变"两个竞争"

党的十九大提出，我国经济增长已由高速增长转向高质量发展阶段。高质量发展关键是要处理好"量"和"质"的关系。从国家宏观层面讲，主要是指国家经济的整体质量和效益的稳定性、均衡性和可持续性，通常用全要素生产力去衡量；从行业层面讲，主要是指产业布局合理，效益显著，产业规模不断扩大，结构不断优化，创新驱动力强；从企业微观层面讲，主要指企业的产品生产和服务质量以及科技建造水平具有一流的核心竞争力。总的来讲就是品牌战略投入要少，产出要多，效益要好。

当前，由于国内国际诸多不稳定因素的影响，加上受新冠肺炎疫情的冲击，经济下行风险显著，建筑市场一方面存在供过于求的突出矛盾，供求关系失衡导致了过度竞争，从而加剧了招标投标活动中的不正当竞争，并引发了交易成本过高与寻租和腐败。另一方面，国民经济发展进入一般"新常态"，经济发展之力已从过去依靠资本、劳动力等生产要素投入驱动转换到创新驱动上来。特别是建筑业原有的廉价劳动力红利已快速消失，职工老龄化加剧，高端管理人才短缺加上市场价格波动造成建造成本不断加大。面对如此诸多的问题，建筑业要高质量发展提高核心竞争力就必须加快企业转型升级和转变"竞争方式"。一是从数量追求转向质量超越；二是从规模扩张转向适度经营；三是从要素投入转向创新驱动引领；四是由粗放式管理转向集约化、精细化管理。当前最关键、最迫切的是首先要在工程项目招标投标中把过去以无序降低标价、减少费用为主的市场恶性竞争转向以诚信经营、科技领先、质量取胜的品牌企业竞争；建筑市场准入由过去高度关注企业资质高低的竞争转向强化企业复合型高端管理人才培育，提高项目经理专业素质特别是执业能力的竞争。

总的来讲就是要在创新发展提升项目生产力研究过程中注重通过行业改革发展和企业转型升级来凝聚思想统一，依靠诚信经营规范行为，依靠创新驱动提升核心竞争力，依靠品牌战略推进建筑业高质量发展。从而打造"中国建造"品牌，为建设社会主义现代经济体系和"十四五"经济社会发展做出新的更大的贡献。

第4章

中国建造与建筑业绿色发展

4.1 中国建造的理论与实践探索

习近平总书记在 2019 年元旦贺词中指出："中国制造、中国创造、中国建造共同发力，继续改变着中国的面貌。"这是党和国家最高领导人对中国建造发展的成就所给予的高度评价，同时也对建筑业未来的发展寄予期望。中国建造的实力体现在施工方法、技术进步、管理水平、设备能效，以及新型建造方式和工程建设组织实施模式。

4.1.1 中国建造的概念及其演变

1. 中国建造的概念

"建造"是工程建设领域相关行业的生产形态。工程建造是利用资源（物料、能源、设备、工具、资金、技术、信息和人力等），按照市场要求，通过设计、预制、施工过程，将建筑类图纸转化为可供人们使用的各类建筑产品的行业。简言之，中国建造是指从事工程建设并提供建筑类产品的活动总称。

2017 年 2 月 21 日，国务院办公厅在《关于促进建筑业持续健康发展的意见》（国办发〔2017〕19 号）文件中提出：按照适用、经济、安全、绿色、美观的要求，深化建筑业"放管服"改革，完善监管体制机制，优化市场环境，提升工程质量安全水平，强化队伍建设，增强企业核心竞争力，促进建筑业持续健康发展，打造"中国建造"品牌。这是在政府层面上的重要文献中较早使用"中国建造"这一概念。

"中国建造"相比建筑业的施工活动有着更为广泛的含义。按照《国民经济行业分类标准》GB/T 4754—2017 的规定，住房城乡建设部行政管理职能涉及建筑业（门类代码 E）、房地产业（门类代码 K）、科学研究和技术服务业（门类代码 M）等多个产业门类。建筑业包括房屋建筑业（大类代码 47）、土木工程建筑业（大类代码 48）、建筑安装业（大类代码 49）、建筑装饰装修和其他建筑业（大类代码 50）五个大类；房地产业包括房地产业（大类代码 70）一个大类；科学研究和技术服务业包括研究和试验发展（大类代码 73）、专业技术服务业（大类代码 74）、科技推广和应用服务业（大类代码 75）三个大类，其中，"专业技术服务业"包含工程技术与设计服务业（中类代码 748），"工程技术与设计服务业"包括工程管理服务（小类代码 7481，指工程项目建设中的项目策划、投资与造价咨询、招标代理、项目管理等服务）、工程监理服务（小类代码 7482）、工程勘察活动（小类代码 7483）、工程设计活动（小类代码 7484）、规划设计管理（小类代码 7485）、土地规划服务（小类代码 7486）。因此，按照上述行业分类标准，在本书的定义中，"中国建造"包含了"建筑业"和"工程技术与设计服务业"等工程建设领域内的规划设计管理、土地规划服务、项目策划、投资与造价咨询、工程勘察、工程设计、招标代理、工程监理、工程施工、项目管理等的众多活动，构成了中国建筑产业的完整的产业链。

2. 中国建造的演变过程

长期以来，由于建筑行业生产方式和生产力水平、科技进步能力的限制，中国建造的劳动密集型特征处于主导地位。改革开放之后，通过引进施工技术和工程项目管理方法，中国建造开始走上变革图强之路。党的十八大以来，随着"一带一路"倡议得到更多国家的认同和中国建筑业企业开拓国际建筑市场步伐的不断加快，中国建造在全球的影响力日益提升，中国建造也从传统阶段走向现代阶段。

（1）传统的工业化建造方式阶段

在较长的时期内，我国建筑施工行业传统的工业化与手工劳动并重的作业方式占据主导地位，特别是在以现场湿作业为主、现场搅拌砂浆或其他带水作业的工作现场，工作条件差，劳动强度大，资源消耗高，环境污染严重，生产效率低，工程质量和生产安全事故频发。虽然经过数十年的发展和科技起步，机械化施工的范围和程度有了较大的提升，但在很多地区和一些工程量较大的结构工程工序、装修工程工序，现场施工的工序作业仍然需要依靠操作工人的体力劳动完成。

随着我国建筑产业发展绿色建筑战略目标的确立，人口老龄化时代的来临、劳动力成本的刚性上升、资源和环境约束等多重压力，这种传统的机械化加劳动密集型的建造模式已经到了难以为继的地步。这就要求建筑业企业必须改变传统建筑施工生产方式，满足建筑业可持续发展的要求。

（2）新型建造方式阶段

在党的十八届五中全会上，习近平总书记提出了创新、协调、绿色、开放、共享的新发展理念，并强调绿色是永续发展的必要条件和人民对美好生活追求的重要体现。坚持绿色发展和生态文明成为实现中华民族伟大复兴中国梦的重要内容。由此，中国建筑业开启了走向新型建造方式的新纪元。

2013 年，中国建筑业协会提出了"建筑产业现代化"的概念，2014 年住房城乡建设部与 2017 年国务院相关文件都明确建筑业未来发展方向应向产业现代化迈进。建筑产业现代化在于推动传统建筑业向现代建筑业转型，以装配式建筑为代表的新型建筑工业化、绿色建造、智能建造等新型建造方式逐步成为主流趋势。建筑产业现代化引入新型工业化的思维，采用标准化设计、工厂化生产、装配化施工和一体化实施等为主要特征的建筑生产方式。同时，又结合现代化的产业组织模式和工程项目管理方法来变革建造方式，从而形成完整的产业链和产业发展模式。新型工业化建造方式有以下优点：一是有利于提供施工质量。装配式构件在工厂里预制，能最大限度地改善墙体开裂、渗漏等质量通病；二是有利于加速工程进度。装配式建筑比传统方式的进度快 30% 左右；三是有利于安全生产和文明施工。传统作业现场需要大量的工人，现在把大量现场作业转移到工厂，现场只需留小部分工人，大大减少了现场事故发生率；四是有利于环境保护、节约资源。现场垃圾污染少，减少扰民现象。

随着信息化技术在工程建设领域的普及应用，"数字建筑"理念引发建造方式的数字化变革，中国建造走上智能建造新阶段。智能建造是在工业化建造的基础上，借鉴工业和数字制造等理念，进行数字化升级，综合运用 BIM 技术、云计算、大数据、物联网、移动互联网、人工智能等，形成从客户需求分析、决策、规划设计、构件生产、施工生产、交付、运维等全生命周期的数字实体融合。主要表现在以下几个方面：一是万物互联。通过信息技术和装备把设备、生产线、工厂、供应商、产品、客户紧密地连接在一起，将无处不在的、嵌入式终端系统、智能控制系统、通信设施通过信息物理系统（Gyber-Physical Systems，CPS）形成一个智能网络系统。二是大数据应用。充分利用建筑设计的数据、建筑构件的数据、物料采购数据、施工过程产生的数据，对工程建造的全生命周期管理和优化发挥重要支撑作用。三是系统化集成。基于 BIM 平台，嵌入更多的传感设备、终端系统、通信设施等，使建筑构件间、建筑与建筑、建筑与人的活动、建筑与商业活动服务能够互联，从而实现横向、纵向和端对端的高度集成。

绿色建造涵盖了工程建设项目和建筑产品的绿色策划、绿色设计、绿色施工、绿色运维、绿色拆除全生命周期。绿色建造方式是一个多要素、多功能、多维度的复杂系统。从组织结构要素看，绿色建造系统的组织要素由建设单位、设计单位、施工单位、监理单位、运维单位等组成；从功能结构要素看，绿色建造系统的功能要素由立项策划要素、项目设计要素、工程施工要素、物业维护要素等组成；从维度结构要素看，绿色建造系统的维度要素由技术维度要素、管理维度要素、资源维度要素、信息维度要素等组成。绿色建造方式的运行过程需要系统各要素之间的密切协同，促使参与各方立足于工程建设整体角度，基于顶层设计，从工程立项策划、设计、材料选择、楼宇设备选型和施工过程等方面进行全面统筹，有利于节约能源资源、减少垃圾排放，提高综合效益，实现工程项目绿色目标。

4.1.2 中国建造的现状与挑战

1. 中国建造现状

自改革开放以来，特别是党的十八大以来，建筑业先后完成了一系列设计理念超前、结构造型复杂、科技含量高、质量要求严、施工难度大、令世界瞩目的重大工程。目前，反映中国建造能力水平不断提升的现实状况主要体现在如下方面：

（1）超高层建筑数量不断提高。超高层建筑是国家综合实力的象征、城市的名片，在建造技术方面也最具代表性。目前，世界上建成及在建的高度超过 500 米的超高层建筑前十名中有 7 座由中国大陆的建筑企业建造。其中，中国建筑集团有限公司就承建了全球超 50%、国内超 90% 的 300 米以上的超高层建筑。

（2）大型公共建筑及基础设施不断涌现，包括大型公共建筑、大型文化旅游建筑、大型体育场馆。

（3）技术创新成绩显著。目前，我国拥有的先进建造技术主要体现有以下几个领域：① 超高层建设成套技术，智能顶升平台、混凝土超高泵送、深基坑综合施工、巨型钢结构安装。② 大跨度结构建造关键技术，新型大跨度结构体系设计与建造、大跨结构施工全过程动态模拟、复杂大跨结构绿色智能施工成套技术。③ 地下空间开发建造技术，高敏感环境地下穿越，长距离、高水压、严重软硬不均地层盾构施工关键技术。

2. 中国建造面临的挑战

随着全球能源环境危机、国际经济形势变化，建筑产业面对新阶段、新理念、新格局和双碳目标的要求，中国建造面临许多挑战。

（1）建造过程资源和能源消耗大。粗略估计，我国建筑产业在建筑类产品生产过程中每年消耗世界上 40% 的钢材和水泥，而钢材和水泥等建筑材料的生产需要消耗大量短期内不可再生的化石类矿物质能源和资源，这些资源的开采对生态环境破坏较大，这些资源的生产加工过程排放出较大数量的"三废"污染物。

（2）建造过程造成环境污染。据测算，目前我国城市建筑垃圾年产生量超过 20 亿吨，是生活垃圾产生量的 8 倍左右，约占城市固体废物总量的 40%。施工扬尘占城市扬尘的 15%～25% 以上。我国建筑垃圾资源化利用率约为 40%，与一些发达国家相比还存在较大差距。

（3）施工现场作业环境较差，劳动力供给不足。2012 年起，全国劳动年龄人口总数连年净减少，40 岁以上高龄劳动力比例增加，在施工现场从事操作的年轻人的比例日渐减少。施工现场生产装置、安全设施配备不足，条件艰苦，作业环境对稳定和吸引就业不力。

4.1.3　中国建造的发展方向

工程建设的最终目的是为人民创造幸福家园。然而工程建设活动必然对环境造成负面影响，噪声和大气污染等干扰居民的正常生活状态。如何降低工程建造活动对自然生态环境的影响，如何在为人类创造福祉的前提下，节约能源资源消耗、减少废弃物排放污染，最大限度减少对居民生产生活的负面影响，是中国建造努力的方向。

1. 中国建造的十大开发前沿

中国工程院土木、水利与建筑学部提出了十大开发前沿：

（1）智能建造及其 3D 打印技术；

（2）绿色规划及绿色建造技术；

（3）智能交通关键技术体系；

（4）超长、超深埋隧道修建技术与智能装备；

（5）城市地下空间协同开发与利用；

（6）新型深水基础及缆索承重桥梁抗风；

（7）环境友好型建筑材料；

（8）城市用水深度处理；

（9）城市雨洪调控技术；

（10）高精度导航定位与时空大数据。

2. 中国建造的十个重点技术领域

中国建筑业协会提出了十个工程建造技术的重点发展方向：

（1）装配式建造技术；

（2）地下资源保护及地下空间开发利用技术；

（3）高强钢与预应力等新型结构开发应用技术；

（4）信息化建造技术；

（5）楼宇设备及系统智能化控制技术；

（6）建材、楼宇与设备绿色性能评价及选用技术；

（7）多功能高性能混凝土技术；

（8）新型模架技术；

（9）现场废弃物减排技术；

（10）人力资源保护及高效使用技术。

3. 中国建造发展路径

中国建造发展路径在方向、动力、支撑、基础、标杆五个维度的构成要素反映出中国建造发展路径的基本特征。政策引导是方向要素的路径特征，制度创新是动力要素的路径特征，标准规范是基础要素的路径特征，技术突破是支撑要素的路径特征，典型示范是标杆要素的路径特征。这些路径特征与政府、协会、企业之间形成中国建造的运行路径体系。中国建造发展路径构造与特征如图4-1所示。为全社会广大用户提供绿色建筑产品是政府部门、行业协会、工程建设企业的共同责任和目标。政府部门通过制定和发布产业政策以及制度安排引导中国建造的发展方向；

行业协会通过推动制度创新和编制、实施标准规范激发中国建造发展的新动力;工程建设企业通过贯彻标准规范夯实中国建造的规则基础,通过技术突破形成中国建造的技术支撑;政府部门、行业协会、工程建设企业通过协同机制,推广示范工程经验、对标学习典型做法,最终达成用户所需要的绿色建筑产品的目标。

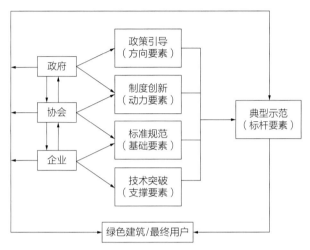

图 4-1 中国建造发展路径构造与特征示意

中国经济的高速发展,给中国建造带来史无前例的发展契机。中国建造在为经济发展做出重大贡献的同时依然面临诸多问题。中国建造已经在绿色化、智能化、国际化、精益化方面取得了一定的成绩,未来也必将沿着这些方向继续开拓创新,锐意进取,创造更大的成效。

4.2 新型建造方式变革与绿色发展

4.2.1 新型建造方式的概念与特征

在全球科技革命的推动下,一系列重大科技成果以前所未有的速度转化为现实生产力。以信息技术、能源资源技术、生物技术、现代制造技术、人工智能技术等为代表的战略性新兴产业迅速兴起,现代科技与新兴产业的深度融合,对未来经济社会发展具有重大引领带动作用。新型建造方式是随着当代信息技术、先进制造技术、先进材料技术和全球供应链系统与传统建筑业相融合而产生的,新型建造方式是现代建筑业演变规律的体现。

1. 新型建造方式的概念

最初提出新型建造方式是针对装配式建筑而言的。例如，2016 年 2 月印发的《中共中央 国务院关于进一步加强城市规划建设管理工作的若干意见》明确提出：发展新型建造方式，大力推广装配式建筑，减少建筑垃圾和扬尘污染，缩短建造工期，提升工程质量。力争用 10 年左右时间，使装配式建筑占新建建筑的比例达到 30%。同年 9 月，《国务院办公厅关于大力发展装配式建筑的指导意见》(国办发〔2016〕71 号)明确了"健全标准规范体系、创新装配式建筑、优化部品部件生产、提升装配施工水平、推进建筑全装修、推广绿色建材、推行工程总承包、确保工程质量安全"8 项重点任务，并将京津冀、长三角、珠三角城市群列为重点推进地区。2017 年 3 月，住房城乡建设部连发《"十三五"装配式建筑行动方案》《装配式建筑示范城市管理办法》《装配式建筑产业基地管理办法》，全面推进装配式建筑发展。由于各级政府的行政推动力度大，并且鼓励在财政、金融、税收、规划、土地等方面出台支持政策和措施，引导和支持社会资本投入装配式建筑，因而全国装配式建筑发展势头迅猛。

后来，人们在实践中扩展了新型建造方式的范畴。例如，江苏省于 2017 年 11 月 3 日发布的《江苏建造 2025 行动纲要》提出，以精细化、信息化、绿色化、工业化"四化"融合为核心，以精益建造、数字建造、绿色建造、装配式建造四种新建造方式为驱动，逐步在房屋建筑和市政基础设施工程等重点领域推广应用新建造技术，更灵活、多样、高效地满足人民群众对建筑日益增长的需求。国内学者吴涛、毛志兵、叶浩文等人较早地开展了对新型建造方式的研究，先后出版了《建筑产业现代化背景下新型建造方式与项目管理创新研究》《建筑工程新型建造方式》《一体化建造》等专著。

因此，本丛书给出的新型建造方式的定义是宽泛的，即新型建造方式是指在工程建造过程中能够提高工程质量、保证安全生产、节约资源、保护环境、提高效率和效益的技术与管理要素的集成融合及其运行方式。新型建造方式是指在工程建造过程中，以"绿色化"为目标，以"智慧化"为技术支撑，以"工业化"为生产手段，以工程总承包为组织实施形式，实现建造过程"节能环保、提高效率、提升品质、保障安全"的新型工程建设方式。在广义上讲，在工程建设中贯彻运用新思想、新理念、新方法、新技术、新材料、新设备、新资源，都有可能衍生新型建造方式。

2. 新型建造方式的基本特征

新型建造方式在技术路径上，通过建筑、结构、机电、装修的一体化，从建筑设计、构件工厂生产、绿色施工技术的协同来实现绿色建筑产品；在管理层面上，通过信息化手段实现设计、生产、施工的集成化，以工程建设高度组织化实现项目效益。新型建造方式的特征体现在以下几方面：

（1）强调现代科学技术的支撑力量。现代科学技术对建筑业的巨大影响在于推动了建筑结构技术、建筑材料技术、建筑施工技术、建筑管理技术的创新。

（2）强调建筑产品生产工艺和方式的变革。改变传统的现场湿作业的施工方法，提倡用现代工业化的生产方式建造建筑产品。

（3）强调中间产品的工业化生产。无论是建筑材料、设备还是施工技术，都应当具有节约能源、资源、保护环境的功能。

（4）强调现代信息技术和管理手段的应用。现代信息技术和管理手段是推动新型建造方式的不可或缺的重要力量，特别是建筑信息化将成为建筑产品生产的重要途径。建筑业信息化包括建筑企业信息化和工程项目管理信息化。

（5）强调建筑产品生产的全寿命周期集成化。建筑产品的生成涉及多个阶段、多个过程和众多的利益相关方。建筑产业链的集成，在建筑产品生产的组织形式上，需要依托工程总承包管理体制的有效运行。

（6）强调项目经理人才队伍的作用。项目经理是工程建设领域特殊的经营管理人才。在建筑产品生产过程中，项目经理是工程项目的组织者、实施者和责任者，是工程项目管理的核心和灵魂。项目经理对于工程项目的成败、对于促进新型建造方式的应用效果具有举足轻重的作用。

（7）强调新型建筑产业工人对于推进新型建造方式的重要性。在工程项目管理上实行"两层分开"之后，长期以来操作工人队伍建设没有得到应有的重视，工程管理目标的实现依赖于操作工人队伍素质的水平，乃至于出现"成也劳务、败也劳务"的现象。为此，要通过重新打造新型产业队伍扭转这种局面。

（8）强调建筑业所提供的产品应当是满足人们需要的绿色建筑。作为最终产品，绿色建筑是通过绿色建造过程来实现的。绿色建造包括绿色设计、绿色施工、绿色材料、绿色技术和绿色运维。

新型建造方式与传统建造方式相比有很大的不同，主要表现为发展理念不同、目标要求不同，科技含量不同、理论模式不同、管理方法不同、实施路径不同、综合效益不同。

4.2.2 新型建造方式推动绿色发展

党的十八届五中全会确立了创新、协调、绿色、开放、共享的新发展理念，五大发展理念的基本内涵是：① 创新发展注重的是解决发展动力问题。注重的是更高质量、更高效益。② 协调发展注重的是解决发展不平衡问题。显著推进绿色发展和共享发展进程。③ 绿色发展注重的是解决人与自然和谐问题。注重的是更加环保、更加和谐。④ 开放发展注重的是解决发展内外联动问题。⑤ 共享发展注重的是解决社会公平正义问题。注重的是更加公平、更加正义。

绿色发展着力要解决的是人与自然和谐问题，目的是建设资源节约和环境友好的美丽中国，形成节约资源、保护环境的空间格局、产业结构、生产方式、生活方式。绿色发展思想蕴含着对创新发展、协调发展、开放发展、共享发展的内在规定性。绿色发展理念也是衡量绿色建造方式、装配式建造方式、智能建造方式、增材建造方式等新型建造方式变革的价值标准。

1. 绿色建造方式的发展

绿色建造是在我国倡导"可持续发展"和"循环经济"等大背景下提出的，是一种国际通行的建造模式。面对我国提出的"建立资源节约型、环境友好型社会"的新要求及"绿色建筑和建筑节能"的优先发展主题，建筑业推进绿色建造已是大势所趋。研究和推进绿色建造，对于提升我国建筑业总体水平、实现建筑业可持续发展并与国际市场接轨具有重要意义。

（1）绿色建造方式的概念

目前，国内对于绿色建造的理解分为广义绿色建造、狭义绿色建造和全寿命期绿色建造三个方面。

1）广义绿色建造概念

从广义上讲，绿色建造是在工程建造过程中体现可持续发展的理念，通过科学管理和技术进步，最大限度地节约资源和保护环境，生产绿色建筑产品的工程活动（图4-2）。其内涵主要包括以下几个方面：

① 绿色建造的指导思想是在习近平新时代中国特色社会主义思想，坚持绿色可持续发展战略。绿色建造正是在人类日益重视可持续发展的基础上提出的，绿色建造的根本目的是实现建筑业的可持续发展。

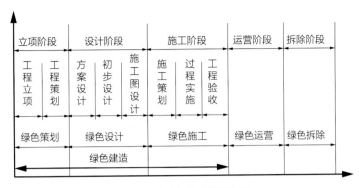

图 4-2　广义绿色建造示意图

② 绿色建造的基本理念是"环境友好、资源节约、过程安全、品质保证"。绿色建造在关注工程建设过程安全和质量保证的同时，更注重环境保护和资源节约，实现工程建设过程的"四节一环保"。

③ 绿色建造的载体是工程建设生产活动，但这种活动是以保护环境和节约资源为前提的。绿色建造中的资源节约是强调在环境保护前提下的节约，与传统施工中的节约成本、单纯追求施工企业的经济效益最大化有本质区别。

④ 绿色建造的实现途径是施工图的绿色设计、绿色建造技术进步和系统化的科学管理。绿色建造包括施工图绿色设计和绿色施工两个环节，施工图绿色设计是实现绿色建造的关键，科学管理和技术进步是实现绿色建造的重要保障。

⑤ 绿色建造的骨架是采用新型绿色材料。绿色建造的实施主体是工程承包商，并需由相关方（政府、业主、总承包、设计和监理等）共同推进。政府是绿色建造的主要引导力量，业主是绿色建造的重要推进力量，承包商是绿色建造的实施责任主体。

广义的绿色建造是指建筑生成的全过程，包含工程立项绿色策划、绿色设计和绿色施工三个阶段，但绿色建造不是这三个阶段的简单叠加，而是其有机整合。绿色建造能促使参与各方立足于工程总体角度，从工程立项策划、设计、材料选择、楼宇设备选型和施工过程等方面进行全面统筹，有利于工程项目绿色目标的实现和综合效益的提高。

2）狭义绿色建造概念

从狭义上讲，绿色建造是指在施工图设计和施工全过程中，立足于工程建设总体，在保证安全和质量的同时，通过科学管理和技术进步，提高资源利用效率，节约资源和能源，减少污染，保护环境，实现可持续发展的工程建设生产活动。也就是说，狭义的绿色建造仅包含了施工图绿色设计和绿色施工两个环节。本书所述的绿色建造是广义上的绿色建造。

3）全寿命期绿色建造概念

近年来，国内有学者结合工程项目寿命期、建筑产品寿命期的特征及其相关关系，提出了全寿命期绿色建造的概念，如图4–3所示。全寿命期绿色建造涵盖建筑产品生成过程、建筑产品运营过程和终结过程，包含工程立项与绿色策划、绿色设计、绿色施工、绿色运维、绿色拆除五个阶段。在业务内容上，可以把绿色运维、绿色拆除理解为绿色施工的延伸。全寿命期绿色建造能够从工程立项策划、设计、材料选择、楼宇设备选型、施工过程以及运营过程的维护、建筑产品寿命期终结的拆除等方面进行系统的优化设计，有利于实现工程项目和工程实体的绿色目标，提高经济效益、环境效益和社会效益以及资源的循环利用效率。

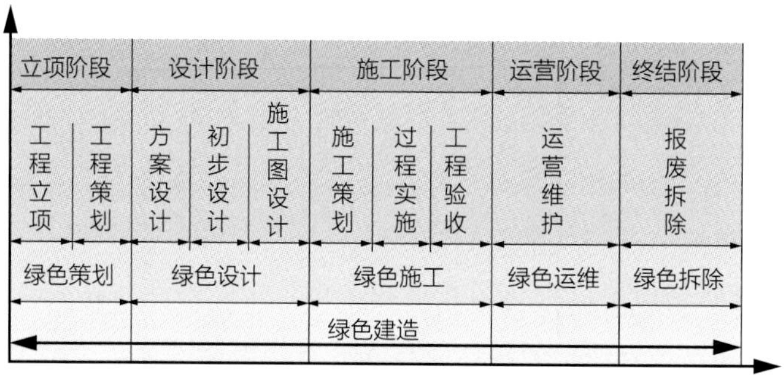

立项阶段
设计阶段
施工阶段
运营阶段
终结阶段
工程立项
工程策划
方案设计
初步设计
施工图设计
施工策划
过程实施
工程验收
运营维护
报废拆除
绿色策划
绿色设计
绿色施工
绿色运维
绿色拆除
绿色建造

图4-3 全寿命期绿色建造示意图

（2）绿色建造与绿色施工的关系

在住房和城乡建设部颁布的《绿色施工导则》中，对绿色施工进行了明确定义。绿色建造是在绿色施工的基础上，向前延伸至施工图设计的一种施工组织模式（图4–4），绿色建造包括施工图的绿色设计和工程项目的绿色施工两个阶段。因此，绿色建造使施工图设计与施工过程实现良好衔接，可使承包商基于工程项目的角度进行系统策划，实现真正意义上的工程总承包，提升工程项目的绿色实施水平。

绿色物业管理
设计阶段
施工阶段
物业管理阶段
保修期
方案设计
初步设计
施工图设计
绿色施工
绿色建造

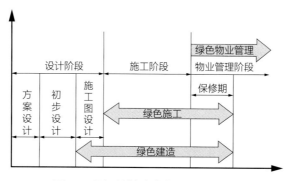

图4-4 绿色建造与绿色施工的关系示意

（3）绿色建造与绿色建筑的关系

住房和城乡建设部发布的《绿色建筑评价标准》GB/T 50378—2006 中定义，绿色建筑是指在建筑的全寿命周期内，最大限度地节约资源、保护环境和减少污染，为人们提供健康、适用和高效的使用空间，与自然和谐共生的建筑。绿色建造与绿色建筑互有关联又各自独立，包括：① 绿色建造是建筑产品的生成阶段，而绿色建筑则表现为一种结果状态，提供人们生产和生活的既定空间。② 绿色建造可促使甚至决定绿色建筑的生成，但基于项目前期策划、规划、方案设计及扩初设计绿色化状态的不确定性，故仅绿色建造不一定能形成绿色建筑。③ 绿色建筑的形成，需要从前期策划、规划、方案设计及扩初设计等阶段着手，确保各阶段成果均实现绿色。绿色建造应在项目实施前期各阶段成果实现绿色的基础上，沿袭既定的绿色设计思想和技术路线，实现施工图设计和施工过程的双重绿色。④ 绿色建造主要涉及工程项目的生成阶段，特别是施工过程对环境影响相当集中。绿色建筑事关居住者健康、运行成本和使用功能，对整个使用周期均有重大影响。

（4）绿色建造与建筑业高质量发展

绿色已成为国家发展理念，并被列入新时期建筑方针——适用、经济、安全、绿色、美观。绿色发展的核心在于低碳。低碳经济不仅成为当今世界潮流，还已然成为世界各国政治家的道德制高点。我国的经济总量主要聚集在城市，而"建筑运行＋建造能耗"又占全社会总能耗的近一半，因此抓低碳城市必须抓好低碳建筑和绿色建造，这是"碳达峰、碳中和"的内在要求，也是建筑业高质量发展的必由之路。低碳建筑要做好三项工作：一是尽可能减少钢材、水泥、玻璃用量；二是尽可能实现工厂化装配式，减少工地消耗和污染；三是尽可能从方案论证开始排除碳排放高的建筑方案。

2. 装配式建造方式的发展

装配式建筑就是由预制部品部件在工地装配而成的建筑，是一种典型的工业化建筑，采用装配式建造方式是实现建筑工业化乃至产业化的主要途径。建筑工业化是随西方工业革命出现的概念，工业革命让造船、汽车生产效率大幅提升，随着欧洲兴起的新建筑运动，实行工厂预制、现场机械装配，逐步形成了建筑工业化最初的理论雏形。"二战"后，法国、英国、德国等国家亟须解决大量的住房而劳动力严重缺乏的情况下，为推行建筑工业化提供了实践的基础，因其工作效率高而在欧美、苏联、日本等发达国家得到推广。

（1）传统建筑方式与装配化建造方式的比较（表4-1）

传统建筑方式与装配化建造方式的比较 表4-1

内容	传统建造方式	装配化建造方式
设计阶段	不注重一体化设计，设计与施工相脱节	标准化、一体化设计，信息化技术协同设计，设计与施工紧密结合
施工阶段	以现场湿作业、手工操作为主，工人综合素质低、专业化程度低	设计施工一体化，构件生产工厂化，现场施工装配化，施工队伍专业化
装修阶段	以毛坯房为主，采用二次装修	装修与建筑设计同步，装修与主体结构一体化
验收阶段	竣工分部、分项抽检	全过程质量检验、验收
管理阶段	以包代管、专业化协同弱，依赖农民工劳务市场分包，追求设计与施工各自效益	工程总承包管理模式，全过程的信息化管理，项目整体效益最大化

（2）装配式建造方式的分类及应用

1）装配式建造方式分类

装配式建造方式，根据建造构件的集成化、预制化程度，可以分为4类或阶段，即平面构件化、结构单元化、功能模块化和整体模块化阶段。各阶段典型应用如表4-2所示。

装配式建造方式典型应用 表4-2

类别	装配式建筑预制化程度			
	1. 平面构件化	2. 结构单元化	3. 功能模块化	4. 整体模块化
典型结构	如木结构建筑中的桁架；预制混凝土构件中的水平构件、竖向构件等	如钢结构框架、木结构框架、轻钢结构框架、结构性隔声板件等	如预制房间模块、预制楼梯和阳台、整体浴室等	全模块化建筑
预制构件在整个建筑的占比情况	10%～15%	15%～25%	30%～50%	60%～70%
与现浇结构相比，节省的安装时间	10%～15%	20%～30%	30%～40%	50%～60%

2）装配式建筑结构体系

①混凝土结构体系

混凝土结构作为目前建筑中使用最为广泛的结构，装配式建筑同样可以使用混凝土结构体系，通过工厂进行预制化生产，可以满足现场的机械化拼装需要。特别是在建筑向高层发展的前提下，装配式建筑拥有的优势将更加明显。采用混凝土结构的装配式建筑有如下两大类：通用结构体系和专用结构体系。通用结构体系和现浇结构相同，大致可分为框架结构、剪力墙结构和框架 – 剪力墙结构等。而专用结构体系是随着建筑的性能要求、功能要求逐渐增多情况下所发展起来的定制结构形式。混凝土结构体系也经历了多个阶段，比如最早的大板结构体系，20 世纪 70 年代，该结构体系多用于低层、多层建筑，但该体系存在着很多不足，所以后来逐渐被淘汰了。随后发展出预制装配式框架结构体系、预制装配式剪力墙体系等形式，装配式混凝土框架结构由多个预制部分组成，即预制梁、预制柱、预制楼梯、预制楼板、外挂墙板等。具有清晰的结构传力路径，高效的装配效率，而且现场浇湿作业比较少，完全符合预制装配化的结构的要求，也是最合适的结构形式。这种结构形式有一些适用范围，在需要开敞大空间的建筑中比较常见，比如仓库、厂房、停车场、商场、教学楼、办公楼、商务楼、医务楼等，最近几年也开始在民用建筑中使用，比如居民住宅等。现阶段，在国内装配式框架—现浇剪力墙结构已经使用很广泛了，但是相比之下，装配式框架—装配剪力墙结构依然处在研究阶段，并没有投入实践。

② 钢结构体系

20 世纪初，发达国家的钢铁工业规模扩大，钢结构建筑得到迅速发展。在欧美和日本等地，建筑用钢量已达钢产量的三分之一以上，钢结构建筑面积占总建筑面积约 40%，并且形成了各自的钢结构主建筑体系。

法国是最早推广建筑工业化的国家之一。经历了 30 年发展，装配式钢结构建筑体系已相当成熟，主要应用于多层集合住宅。

英国的装配式钢结构建筑，根据预制单元的工厂化程度不同分为三个等级：A. "Stick" 结构。构件在工厂加工制作，运输至现场后，用螺栓或自攻螺栓连接；B. "Panel" 结构。钢构件及墙板和屋面板等围护结构用专用模具进行工厂化预制，现场拼接；3）"Modular" 结构。将整个房间作为一个单元全部在工厂预制，此种结构体系发展很快。

日本是率先兴起建筑产业化的国家。日本每年新建 20 万栋左右的低层住宅中，装配式钢结构住宅占 70% 以上份额。目前日本推广的装配式钢结构体系有以下特点：可实现 200 平方米的无柱大空间，可自由分割内部空间；框架采用钢管混凝土柱和耐火钢梁；地面为 PC 板＋现绕钢筋混凝土结构，管道置于地板下部的中空空间；外墙采用 ALC 板、PC 板，内墙采用强化石膏板；干式施工速度快；设备与结构独立，便于运行维护。

总体说来，国外的装配式钢结构建筑在模数化设计、标准化生产、装配化施工及节能、防火和抗震等方面已非常成熟，尤其是相配套的墙体、楼板等围护部件应用也非常完善，施工周期特别短。

20 世纪 80 年代开始，国内的装配式钢结构建筑开始发展。住房和城乡建设部积极倡导装配式钢结构住宅的开发和应用，目前有《钢结构住宅建筑产业化技术导则》。国内的轻钢龙骨体系在低多层建筑中应用发展很快。装配式钢结构建筑的发展势头良好，虽然装配式钢结构建筑综合造价比混凝土结构稍高，但发展前景广阔。

此外，与钢结构体系相关联的，还有轻钢龙骨结构体系、钢模块结构体系等。

③ 木结构体系

在我国过去占据统治地位的建筑材料一直是木材，许多经典的古建筑都是木结构的。随着科学技术的进步，木材这种传统的材料经过现代技术处理，越来越多地出现在日常生活中，得到了越来越多人的关注。木材本身具有很多优点，比如抗震、保温、隔湿等，而且在某些地区拥有较好的经济性和便捷的获取途径，使得木材在现代建筑材料中也占据了重要的位置。在美国等西方国家，木材是一种使用很普遍的建筑材料。但对于我国，虽然在少部分地区出现了迎合少数消费者需求的低密度木结构别墅，但我国人口基数多，房地产市场需求大，难以提供足够的木材来建造房屋，所以木结构并不适应当前我国的建筑发展需要。和美国相比，我国的木结构住宅只是高端建筑产品，所用的木材大多也依赖国外进口，无法作为普通低层住宅建筑形式。

各类结构体系的应用情况及优劣势如表 4-3 所示。

各类结构体系的应用情况表　　　　　　　　　　　　　表 4-3

结构体系	应用情况	优点	缺点
装配式钢结构	宾馆、写字楼、公寓住宅	适用于高层建筑、强度大	腐蚀、防火
轻钢龙骨结构	最高可建 10 层	重量轻	只适用于低层建筑
钢模块结构	灾后临时安置房、军事设施、建筑工地	运输方便、可循环使用	外墙结构开门窗时，需增加加强结构
预制混凝土结构	宾馆、监狱、仓库、厂房、停车场、商场、教学楼、办公楼、商务楼、医务楼等	防火、隔声、隔热、空间大	重量大、边角裂纹
木结构	1～2 层住宅、别墅	容易搭建、材料可循环利用	防火、耐久性差

3. 智能建造方式的发展

（1）智能建造及其应用场景

智能建造作为一种新兴的工程建造模式，是建立在高度的信息化、工业化和社会化的基础上的一种信息融合、全面物联、协同运作、激励创新的工程建造模式，也代表了目前中国建造的最前沿领域。国内多数学者认为，智能建造是建立在 BIM（＋GIS）、物联网、云计算、移动互联网、大数据等信息技术之上的工程信息化建造平台，它是信息技术与先进工程建造技术的融合，可以支撑工程设计及仿真、工厂化加工、精密测控、自动化安装、动态监测、信息化管理等典型应用。图 4-5 为智能建造的模型框架。

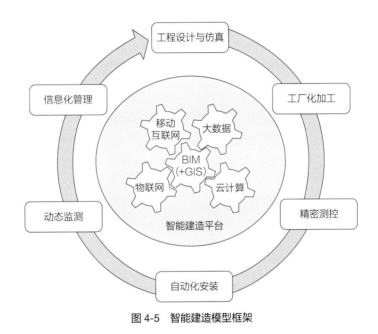

图 4-5　智能建造模型框架

在智能建造的模型框架中，BIM、云计算、大数据、物联网、移动互联网构成智慧智能建造的 5 大核心支撑技术。其中，BIM 是工程建造全过程信息的最佳传递载体，实现智能建造的数据支撑，核心任务是解决信息共享问题；物联网以感知为目的，实现人与人、人与物、物与物全面互联的网络，物联网可以解决人、机、料等工程信息自动数据化的问题；云计算是一种利用互联网实现随时、随地、按需、便捷访问共享资源池的计算模式，突破了计算机性能和地域的限制，推动工程建造的社会化，实现工程参建各方的协同和工程项目按需弹性布置计算资源；移动互联网通过移动通信与互联网、物联网等结合，提供了实施交换信息的途径，摆脱了空间和时间的束缚；大数据分析给工程建造过程提供智能化决策支持，使工程建造过程变得聪明。

在智能建造平台的外部接口，通过 BIM、物联网等新兴信息技术的支撑，可以实现工程设计及仿真、工厂化加工、精密测控、自动化安装、动态监控、信息化管理等典型数字化建造应用，如图 4-6 所示。其中，工程设计及优化可以实现 BIM 信息建模、碰撞检查、施工方案模拟、性能分析等；工厂化加工可以实现混凝土预制构件、钢结构、幕墙龙骨及玻璃、机电管线等工厂化；精密测控可以实现施工现场精准定位、复杂形体放样、实景逆向工程等；自动化安装可以实现模架系统的爬升、钢结构的滑移及卸载等；动态监测可以实现施工工期的变形监测、温度监测、应力监测、运维期监控监测等；信息化管理包括企业 ERP 系统、协同设计系统、施工项目管理系统、运维管理系统等。

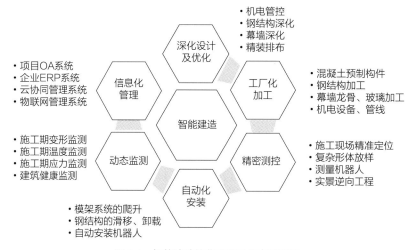

图 4-6　智能建造的典型的 6 个应用场景

作为一种新兴的建造方式，智能建造具有以下几个特征：

① 建筑业现代化的重要组成部分，是从智慧化的角度诠释建筑产业现代化。

② 智能建造是创新的建造形式，不仅创新建筑技术本身，而且创新建造组织形式，甚至整个建筑产业价值链。

③ 智能建造是一个开放、不断学习的系统，它从实践过程中不断汲取信息、自主学习，形成新的知识。

④ 智能建造是以人为本的，它不仅把人从繁重的体力劳动中解放出来，而且更多地汲取人类智慧，把人从繁重的脑力劳动中解放出来。

⑤ 智能建造是社会化的，它克服传统建筑业无法发挥工业化大生产的规模效益

的缺点，实现小批量、单件高精度建造，实现精益建造，而且能够实现"互联网＋"在建筑业的叠加效应和网络效应。

⑥智能建造有助于创造一个和谐共生的产业生态环境。智能建造使复杂的建造过程透明化，有助于创造全生命期、多参与方的协同和共享，形成合作共赢的关系。

从智慧城市来看，智能建造从根本上解决了建筑和城市基础设施的数字化问题，是智慧城市建设的基础和建设路径。智能建造的出现不仅弥补了智慧城市建设过程中缺少项目级解决方案的问题，还为智慧城市建设提供实现方法。

在建筑施工现场，"智慧工地"是智能建造的实现形式。

（2）智慧工地及其应用

1）智慧工地的概念

智慧工地是指运用信息化手段，通过三维设计平台对工程项目进行精确设计和施工模拟，围绕施工过程管理，建立互联协同、智能生产、科学管理的施工项目信息化生态圈，并将此数据在虚拟现实环境下与物联网采集到的工程信息进行数据挖掘分析，提供过程趋势预测及专家预案，实现工程施工可视化智能管理，以提高工程管理信息化水平，从而逐步实现绿色建造和生态建造。

智慧工地将更多人工智能、传感技术、虚拟现实等高科技技术植入建筑、机械、人员穿戴设施、场地进出关口等各类物体中，并且被普遍互联，形成"物联网"，再与"互联网"整合在一起，实现工程管理干系人与工程施工现场的整合。智慧工地的核心是以一种"更智慧"的方法来改进工程各干系组织和岗位人员相互交互的方式，以便提高交互的明确性、效率、灵活性和响应速度。

2）智慧工地建设关键要素

第一是互联网＋劳务管理。基于大背景来说，人口红利在往下降。考勤是人力管理最基本的条件，如果不知道项目上有多少人，考勤结果根本就出不来。此外就是统计应用和分析的问题，现在移动互联技术的应用完全可以衡量每一个工作面有多少个工人在实时作业的问题。通过现场视频拍照和图像、影像，了解施工现场工人操作的状况。

第二是机械管理。通过信息化技术使特种作业人员管理有了机制保障，机械利用率提高 70% 以上，智能加工机械代替人工，可以提升 20 倍效率。

第三是材料管理。材料管理核心是关于材料的基础信息。一是询价，指导价的基础只能是大数据产生平均价格，这是互联网能对材料采购价格上面最大的帮助。二是材料进出场地数量控制。三是控制材料消耗量。四是材料管理与 BIM 技术的结合。

第四是方案与工法管理。由于项目越来越复杂，不管是吊装方案，还是机械安装方案，都要求各个方案更加具有可视性，更加及时。

第五个是生产与环境。项目管理以进度为主线，计划是关键，同时要做好生产和组织的协调。

3）智慧工地架构设计

智慧工地整体架构可以分为三个层面：

第一层是终端层，充分利用物联网技术和移动应用提高现场管控能力。通过RFID、传感器、摄像头、手机等终端设备，实现对项目建设过程的实时监控、智能感知、数据采集和高效协同，提高作业现场的管理能力。

第二层是平台层。各系统中处理的复杂业务，产生的大模型和大数据如何提高处理效率？这对服务器提供高性能的计算能力和低成本的海量数据存储能力产生了巨大需求。通过云平台进行高效计算、存储及提供服务，让项目参建各方更便捷地访问数据，协同工作，使得建造过程更加集约、灵活和高效。

第三层是应用层，应用层核心内容应始终围绕以提升工程项目管理这一关键业务为核心，因此PM项目管理系统是工地现场管理的关键系统之一。BIM的可视化、参数化、数据化的特性让建筑项目的管理和交付更加高效和精益，是实现项目现场精益管理的有效手段。

BIM和PM系统为项目的生产与管理提供了大量的可供深加工和再利用的数据信息，是信息产生者，这些海量信息和大数据如何有效管理与利用，需要DM数据管理系统的支撑，以充分发挥数据的价值。因此应用层的是以PM、BIM和DM的紧密结合，相互支撑实现工地现场的智慧化管理。

4. 增材建造方式变革

增材建造方式俗称3D打印建造方式。3D打印技术是一种快速成型（Rapid Prototyping，简称RP）技术，是基于CAD/CAM技术、激光技术、数控技术、信息技术、新材料技术等的综合集成发展起来的现代制造技术。3D打印技术应用于工程建设领域，就形成3D打印建造方式。3D打印建造方式是对传统建造工艺和施工方式的颠覆性变革，对于推动建筑产业现代化具有特别重要的意义。

（1）3D打印技术

1）3D打印技术的原理

3D 打印技术出现于 20 世纪 80 年代中后期，它与普通打印机的工作原理基本相同。对于传统打印方式，文件传送到喷墨打印机后，就会在纸的表面喷墨粉形成二维图像。3D 打印机内装有液体或粉末等"打印材料"，3D 打印机首先将需要生产的物品转化为一组三维模型数据，通过电脑控制把三维 CAD 模型切成一系列二维的薄片状平面层，与此同时将"打印材料"按薄片层逐层堆积，一层层叠加起来，制造出所需要的三维零件或产品，最终把 3D 蓝图变成实物。由于成形原理的不同、系统特点的不同、所用成形材料不同，立体打印的快速成型装置也有不同的种类。

在制造业，3D 打印技术的正规名称为"增材制造技术"（Additive Manufacturing，简称 AM），只要有一台特殊的立体"打印机"，从设计到制造就可以一步完成产品的生产。只要把产品的三维模型数据文件存储到 3D 打印机中，然后操作 3D 打印机执行打印命令，通过成型设备驱动材料逐层累加的方式，耗材会一层一层地"打印"（堆砌）出来，利用特殊的粘结材料对层与层之间进行粘合，并按照横截面将图案固定住，"打印机"就直接打印出想要的产品。在这一过程中，实现了设计、模具及材料制备到最终产品的一体化。"增材制造"方法与传统的对原材料进行切削加工的"减材制造"方法相反，不再需要使用模具、刀具、夹具、机床就可以生产出任意形状的产品。

2）3D 打印技术的成型方法

目前，3D 打印技术的堆叠薄层成型方式有以下六种。

① 喷射成型。喷射成型方法类似于喷墨打印机，通过喷嘴将液态光敏聚合物或蜡状成型材料选择性地喷出，快速固化，逐层堆积形成三维结构。

② 粘接剂喷射成型。粘接剂喷射成型方法的基本流程是先铺一层薄粉末材料，然后利用喷嘴选择性地在粉层表面喷射胶状粘接剂。

③ 光敏聚合物固化成型。光敏聚合物固化成型原理的基本做法是利用某种类型的光源选择性地扫描预置的液态光敏聚合物，并使之快速固化。最典型的工艺是美国 3DSystems 公司推出的 AM 技术，即利用紫外激光快速扫描、固化液态光敏树脂。另一种工艺是光投影固化成型，将每一层的图像直接投影在液态光敏聚合物表面，使每一层瞬间固化。

④ 材料挤出成型。材料挤出成型方法的基本原理是在一定压力作用下，丝状聚合物材料通过加热喷嘴软化后，逐点、逐线、逐面、逐层熔化，堆积形成三维结构，在这一过程中，材料喷嘴上移或成型工作平台下移。

⑤ 激光粉末烧结成型。激光粉末烧结成型方法的基本原理与上述粘接剂喷射成型类似。将聚合物或金属粉末等材料粘接或熔合在一起并形成所需形状时，两者的不同之处在于，前者使用胶状粘接剂，后者利用激光或电子束热能。

⑥ 定向能量沉积成型。定向能量沉积成型的做法是当材料从喷嘴输出时，利用激光或其他形态的能量，同步熔化材料，凝结成固体形态，然后逐层叠加，最终形成三维实体产品。

3）3D 打印技术的特点

3D 打印技术作为现代制造技术有着许多不同于传统制造方法的特点和优势，这些特点和优势建立在科学技术和管理水平提高的基础上。3D 打印技术的主要特点体现在以下六方面。

① 技术集成化：通过计算机辅助制造技术、现代信息技术、新材料技术、机械技术的综合集成而构成为完整的生产制造体系。

② 设计、制造高度一体化：3D 打印技术不受产品结构复杂程度的限制，可以制造出任意形状的三维实体产品，是一种自动化的成形过程。

③ 生产过程高度柔性化：当根据客户需求调整产品品种和规格时，仅需要改变 CAD 模型，重新设置相关参数，整个生产线适应市场变化的可调节性好。

④ 产品生产速度快：产品成型过程速度快，加工周期短，设计师快速地将设计思想物化成三维实体，进行外观形状、装配、功能的测试。

⑤ 质量稳定：生产过程受到操作工人的人为因素影响较小，产品质量稳定、易于控制。

⑥ 材料广泛性：3D 打印所使用的材料具有广泛性。在理论上，金属材料、陶瓷材料、树脂材料、复合材料、石蜡等均可以适用于打印生产。

（2）3D 打印建造方式

1）3D 打印建造方式的应用

3D 打印技术应用得十分广泛，在建筑领域中如果有完整的规范，它将有替代传统建筑方法的趋势。随着信息资源的共享交流加快，许多方面都与国际逐渐接轨，因此人们在生活许多方面都有越来越多的要求，在建筑领域也不例外，新型的建筑设计要求越发复杂化，3D 打印技术促进建筑领域的发展也成为现在必不可少的新工具。

3D 打印技术在建筑领域的应用主要分为两个方面，即建筑设计阶段和工程施工阶段。建筑设计阶段主要是制作建筑模型，在这个阶段设计师可以将虚拟模型直接打印为建筑模型；工程施工阶段主要是利用 3D 打印技术建造建筑，通过"油墨"即可快速完成工作。这样节省能耗，有利于推进城市化进程和城镇化建设。

① 设计阶段的应用

对建筑工程而言，设计工作永远占有主要的地位，并且会对后续的建造、验收、使用等产生持续的影响。建筑工程的设计工作，必须不断地走向高端化，既要符合人民大众的需求，又不能对建筑本身的价值造成任何的不利影响。3D 打印技术在建筑领域的设计阶段应用后，整体上取得了非常好的成绩。首先，设计工作结合 ED 打印技术后，能够对很多的创意想法进行分析，提高了多种不同建筑类型的可行性，对现实的施工产生了较强的指导作用。其次，在运用该项技术后，能够对部分特殊设计提前做出有效的预估，获得最直观的感受，设定好相应的辅助措施，弥补不足与缺失，确保建筑工程在最终可以得到较高的成绩。

② 施工阶段的应用

在建筑领域当中，施工阶段是具体的执行阶段，此时应用 3D 打印技术时，就必须考虑到客观上的影响，主观上的诉求则需要放在第二位。与以往工作不同的是，现下很多建筑工程，不仅在要求上非常高，同时在工期方面比较紧张，想要又好又快地完成工作，施工单位承担的工作压力是比较大的。有效应用 3D 打印技术以后，建筑工程的施工阶段获得了很大的转变。例如轮廓工艺的材料都是从喷嘴中挤出的，喷嘴会根据设计图的指示，在指定地点喷出混凝土材料，就像在桌子上挤出一圈牙膏一样。然后，喷嘴两侧附带的刮铲会自动伸出，规整混凝土的形状。这样一层层的建筑材料砌上去就形成了外墙，再扣上屋顶，一座房子就建好了。轮廓工艺的特点在于它不需要使用模具，打印机打印出来的建筑物轮廓将成为建筑物的一部分，研发者认为这样将会大大提升建筑效率。

2）3D 打印建造方式的优势

众所周知，一个新兴方向的发展必然是有优点，并且提供更方便的工作使用状态。3D 打印建筑的优势可以归结为以下三点：

① 实物化，缩短工期。在建设过程中，安全性是一个重要问题，通过 3D 打印技术制作出的建筑构件能够满足安全性的要求。并且，在建筑设计阶段，通过 BIM 软件建立的模型即使已经足够具体化，但在实际操作中还需要人们想象。由 3D 打印技术制作出的实物模型可以完美解决该问题，彻底实现将想象化为具体，为施工带来极大的便利。此外，3D 打印建筑将复杂变具体，解决了传统建设施工中的一系列繁琐程序，实现了一体化操作，加快了建筑效率，节省了工期。

② 消化建筑垃圾。传统的建设施工中需要用到很多材料，如水泥、沙子、钢筋、混凝土等，在建筑完成后会产生很多的建筑垃圾，建筑垃圾的增多却无法解决，带给人们很大的压力，不得不寻找改变此紧迫局面的方法。3D 打印建筑材料，即"油墨"，它的出现是对类似产品的回收再利用，它实现了重复利用的原则，更具有就地取材的优势。这种方法正好解决了中国建筑当前的"高耗能，粗放型"模式，它的推广是必然的。

③ 成本低廉，保护环境。3D 打印建筑的"油墨"价格低，在生产"油墨"过程中它省去了建造传统建筑材料过程的中间过程，最终促使建设过程总成本降低 50%~60%。并且在建造过程中 3D 打印技术数字化操作过程无噪声、不产生扬尘，有助于保护环境，更加地宜人宜居。

3）3D 打印建造方式的不足

尽管 3D 打印建造技术拥有传统建造方式所不具备的许多优点，然而在实体建筑打印方面还需要突破材料、设备等诸多方面的瓶颈约束。

① 建筑设计

在建筑设计方面需要进行系统性的变革，创造新型的结构体系。传统的建筑设计更多是面向建筑产品功能、结构及施工工艺的要求，而 3D 打印建筑的设计需要兼顾 3D 技术的打印工艺、材料特性和现有的工业化水平。

② 建筑机械设备

在建筑机械设备方面，3D 打印建筑需要高精度和自动化，相当于是把现在的数控自动机床与建筑机械结合起来，用"机器手"的操作实现建筑物的打印。国内外目前也没有成熟的成套建筑机械产品可以使用，这对我国建筑机械制造工业是一个很大的挑战。

③ 建筑材料

在建筑材料方面，3D 打印过程的速度较快，对材料性能及凝固时间有非常严格的要求，传统的建筑材料的性能难以满足 3D 打印建造的需求，需要研究开发新材料。值得提倡的是，国内的盈创公司在 3D 打印建筑产品中使用的"打印喷墨"，主要取材于城市建筑垃圾和矿产废弃物。

④ 建筑标准

在建筑标准方面，需要研究制定适用于 3D 建筑、并且确保舒适性、安全性的建筑标准。目前现有的建筑设计、施工的标准、规范体系几乎都不能直接搬来运用，必须要重新建立符合 3D 打印建筑要求的建筑设计、施工、检验等的标准体系。

4.3 "一带一路"与中国建造国际化战略

4.3.1 中国建造"走出去"面对的挑战与机遇

1. 中国建造"走出去"的现状与特点

第一规模持续稳定增长。据统计，2003 年后的十多年时间，我国对外工程承包业务增长了 10 倍。根据环球印象撰写并发布的《中国建筑工程行业投资环境及风险分析报告》数据显示，2020 年，中国对外承包工程完成的营业额已经达到了 1685.9 亿美元，新签合同额 2555.4 亿美元，经过过去十多年飞速的发展，对外承包业务应该已经从飞速发展、高速发展的成长期进入发展相对成熟期。

第二从市场来看，市场分布不平衡现象突出。目前对外承包工程遍布世界 190 多个国家和地区，但主要业务还是集中在亚非市场。现在亚非市场也出现了新的变化，一方面非洲市场由于前两年的下滑，现在出现了一个触底反弹的现象，特别由于国际上前几年大宗商品价格低迷，所以 2017 年我们对外承包工程业务首次在非洲下滑，同比下滑了 6.1%，但是 2020 年显示在非洲市场的新签合同额同比增长 7.2%。在亚洲市场，"一带一路"沿线重点国家的业务增速有所放缓，在 2020 年新签合同额排名前十的"一带一路"的国家只有 5 个，因此"一带一路"沿线国家也基本保持平稳。

第三个是业务领域多元化发展进一步深化。整体来看，大多数对外承包工程企业都是在主业的基础上不断地拓宽业务领域，从这两年的统计数据也可以很清楚地看到这一点。根据环球印象撰写并发布的《中国建筑工程行业投资环境及风险分析报告》数据显示，2017 年，一般建筑项目以及交通运输建设项目占比较多，其他的项目出现了大幅度的增长，传统的石油化工领域新签合同额下降了 44%，在一般建筑领域新签合同额下降了 47%，而在水利的工程项目增加了 30%，电力同比增长 31%，风力发电、太阳能电站、清洁能源建设和环保领域这些项目进一步扩大，我们现在从传统的承包工程的业务领域不断向新的业务领域拓展。中国建筑企业还积极参与境外的经贸合作区域、农业、资源以及建材等项目领域的开发和建设，带动了国内的钢铁、有色、建材、化工、工程机械等产业链的上下游的发展，对外承包工程业务领域进一步深化。

第四就是现在转型升级成为对外承包工程发展的主要动力。转型升级体现在两个方面。一是企业在从传统的亚非的传统地向高端市场发展。我们积极推动业务模式转型升级，通过现在开始布局发达国家市场，优化业务结构，也取得了积极的成效。从 2017 年以来的业务发展的情况来看，三峡集团通过投资并购形成了巴基斯坦、巴西为中心的风电市场，以葡萄牙电力公司拓展了欧美的市场，完善了在地铁、铁路等领域的产业链。二是合作模式的升级，不仅是单纯施工承包业务，实际上在发展投资业务、PPP、BOT 等新的业务模式在国际上越来越多，而且国家层面也在推动一体化建设，取得了很多的进展，特别是在交通基础设备建设和资源开发等领域项目越来越多，以投资的方式建立的一些项目影响很大。

2. 中国建造"走出去"的历史机遇

（1）国际建筑工程市场处在发展高峰期

现阶段正是中国建造"走出去"面临的历史机遇。第一点就是我们现在处在一个非常好的发展时期，未来十几年国际工程建设市场还将会处在发展的高峰期。基础设施投资对刺激产出、生产力增长具有实质性的作用，在联合国和各个方面的国际机构已经达成了广泛的共识，目前通过基础设施建设来拉动 GDP 增长引起了全球的重视，既包括了广大的发展中国家，也包括发达国家。发展中国家在交通、电力、城镇化发展方面存在一定的缺口，发达国家的建筑设施更新改造现在也是处在一个高峰期，在美国、英国及欧洲一些发达国家会看到在到处搞基础设施更新建设。不少国家都出台了基础设施的建设计划，特别是经济的全球化和区域经济一体化的发展，区域互联互通、产能合作的发展。

（2）"一带一路"倡议的影响更加深远

"一带一路"倡议提出后，实际上对我国建筑行业开展对外承包工程的业务领域影响非常大。"一带一路"倡议提出要建设经济走廊及基础设施的互联互通的愿景，在促进交通基础设施建设方面发挥了非常重要的作用。2017 年召开了"一带一路"国际高峰论坛，又达成了要深化项目合作、促进设施连通、扩大产能投资、加强金融合作等一系列的措施，国家启动了超过 1000 亿元人民币的资金支持。"一带一路"倡议九周年之际，中央提出要把"一带一路"倡议要由宏观地变成公民化，就是要变成具体项目的落地，这些项目必将会为工程建设扩大产能合作以及带动中国制造和中国服务"走出去"带来新的机会。

（3）对外承包工程行业管理制度进一步放开

过去的承包工程业务实行许可证制度，最重要的是 2017 年以来我们相继取消了对外承包工程的项目投标核准，之后，商务部通过一系列的措施加强事中、事后的监管，即建立一个备案加负面清单的管理制度，所有的对外承包工程项目现在只要向商务部备案，向地方商务主管部门备案就可以。政策的开放，使所有的企业都可以参与对外承包工程的业务，为企业"走出去""松绑"、为企业"走出去"提供了更便利的条件。

（4）有关促进政策不断完善

当前国际市场上，对外承包工程业务的竞争越来越表现为企业融资能力的竞争。推动我国对外承包工程发展融资支持主要是"双优"贷款和商业信贷。因为基础设施项目一般规模比较大，项目投资的周期也比较长，而且基础设施项目外部盈利能力也比较弱，资产流动性低，资金短缺是制约我们发展的很重要原因。众所周知，有很多的安排包括区域的一些组织、国家优惠的业务，近几年召开了中非论坛北京峰会，国家又提出了八大行动计划，其中中国政府愿意以政府援助、金融机构和投融资的方式向非洲提供 600 亿美元的支持，包括 150 亿美元的无偿援助、无息贷款等，推动建筑企业在未来 3 年不少于一定金额美元的支持。

3. 国际工程业务的主要挑战与对策

（1）对外承包工程面临的主要挑战

对外工程承包业务面临的挑战很多，包括市场分布不太合理、业务模式还处在低端等，其中比较大的首要问题就是风险问题。当前各种风险问题实际上也在不断地积累，包括现在一些政府、社会比较动荡，部分国家还存在政局不稳，也有经济情况欠佳，有些国家拖欠公众款的问题等。以前非洲市场发展很快，但是非洲也有国家拖欠我们国家的款项。第二个问题就是市场分布不合理。80% 以上的业务集中在亚非等新兴和不发达地区市场，这些市场仅占全球承包工程市场的 40% 左右，空间比较狭小。据了解一个项目经常出现三四十家中国企业投标，竞争越来越激烈。第三就是各项配套的政策和措施不完善的问题。融资方面的支持力度还不够。第四就是设计咨询行业"走出去"相对滞后，中国工程技术标准国际化还处在起步阶段。据统计目前在国际上使用中国标准的 EPC 项目只占到所有项目的 19%，从金额的方面来看是 22%。这就是我们在国际上一些大的项目上使用中国标准的，在公路、铁路、电力等使用中国标准的比较多，印尼、肯尼亚、埃塞俄比亚等国家使用中国的标准，但是总体比较少，大部分的国家还是采用欧标、美标、英标，大部分的国家都是欧洲的企业在主导市场。中国的工程咨询企业在国际上独立提供咨询业务的相对较少，大部分企业是跟着承包商"走出去"，更多的是为中国承包商服务。

在标准"走出去"方面，中国的承包商处在跟西方企业竞争的局面，特别一些重大的项目前期的规划设计都是由欧洲来管理的，被迫使用他们的标准，这对中国对外承包工作带来了非常不利的影响。

中国要走到国际市场上，必然要求我国的工程标准要走到国际市场上。现在取得了一定的进展，但是相对来说，离我们发展的要求还有很大的差距。但是有一个比较好的条件，我国加大对外承包工程业务的支持力度，出台了更多的政策，中国的企业也越来越倾向投资业务，有了资金优势就可以推动这些国家更多地使用中国的标准，也为工程设计企业和咨询企业"走出去"创造了良好的条件。当然，这方面还面临很大的挑战，我国的工程技术标准与国际上的标准还有一些差距，这就需要我国在工程技术标准国际化方面做出更大努力。过去我们认为工程技术标准"走出去"很难，实际上随着我国工程技术标准国际化步伐和力度加大，将会为对外承包工程行业的发展进一步创造更多机会。

（2）未来发展的主要趋势与对策

第一是承包工程行业市场转移，包括难度较大的、有一定潜力的市场，如有代表性的墨西哥、印度、巴西、波兰、俄罗斯市场。除此之外，就是向发达国家市场的转移。过去我们只是在亚非这些不发达国家市场，相对比较小的市场，将来要向欧美市场，要向一些大的市场去进攻。目前，在美国市场、澳大利亚市场、英国市场都有一些突破，将来我们会进一步向这些市场转移，包括向墨西哥、印度、波兰、俄罗斯这些大的市场转移，这是今后的发展方向。

第二个是业务多元化的发展。通过各种方式实现业务的多元化发展，是应对越来越激烈的市场竞争，以及所在国市场周期性变化的必需手段。

第三个是业务模式的升级也就是投建营一体化发展。过去中国建筑企业较多地关注 EPC 项目，将来就要向"投建营一体化"方向发展，如集设计、采购、施工、融资、监理、运营管理全产业链为一体的亚吉铁路已正式通车运营，投资很大，需要较高的能力。

第四个是大型综合开发性的项目是必然发展趋势。整体来看，与区域开发、资源开发、工农业开发、港口等基础设施开发、智慧城市建设等结合的项目会越来越多，成为企业必须密切关注的发展机会。现在上百亿美元的项目很多，所有的项目都需要进一步综合开发，不单单涉及一个工程，涉及一个区域的计划，涉及一个国家整体的发展能否持续。整体综合性能开发包括区域开发、资源开发、工农业开发、港口等基础设施的开发，这些项目是今后发展的重要方向，要求建筑企业从承建商向开发商转移。

4.3.2　国家层面对"一带一路"建设的政策支持

1. 倡议实施与高层引领推动

中国政府积极推动"一带一路"建设，加强与沿线国家的沟通磋商，推动与沿线国家的务实合作，实施了一系列政策措施，努力收获早期成果。

习近平主席、李克强总理等国家领导人先后出访 20 多个国家，出席加强互联互通伙伴关系对话会、中阿合作论坛第六届部长级会议，就双边关系和地区发展问题，多次与有关国家元首和政府首脑进行会晤，深入阐释"一带一路"的深刻内涵和积极意义，就共建"一带一路"达成广泛共识。

2. 签署合作框架与推动项目建设

中国政府与部分国家签署了共建"一带一路"合作备忘录，与一些毗邻国家签署了地区合作和边境合作的备忘录以及经贸合作中长期发展规划。研究编制与一些毗邻国家的地区合作规划纲要。

加强与沿线有关国家的沟通磋商，在基础设施互联互通、产业投资、资源开发、经贸合作、金融合作、人文交流、生态保护、海上合作等领域，推进了一批条件成熟的重点合作项目。

3. 完善政策措施与发挥平台作用

中国政府统筹国内各种资源，强化政策支持。推动亚洲基础设施投资银行筹建，发起设立丝路基金，强化中国－欧亚经济合作基金投资功能。推动银行卡清算机构开展跨境清算业务和支付机构开展跨境支付业务。积极推进投资贸易便利化，推进区域通关一体化改革。

国内各地成功举办了一系列以"一带一路"为主题的国际峰会、论坛、研讨会、博览会，对增进理解、凝聚共识、深化合作发挥了重要作用。

4. 税收征管与能源合作

2019 年 4 月 18 日，"一带一路"税收征管合作机制在中国宣告成立。34 个国家和地区税务部门在浙江乌镇共同签署《"一带一路"税收征管合作机制谅解备忘录》。

2019 年 4 月 25 日，"一带一路"能源合作伙伴关系在北京成立。来自 30 个伙伴关系成员国及 5 个观察员国的能源部长、驻华大使、能源主管部门高级别代表出席了仪式。

4.3.3　推进中国建造标准"走出去"

要建立"中国特色"的企业标准体系。它的特点是在有效执行中国标准的基础上，以发挥本企业技术、经济和管理优势为目标，广泛吸收国际通用标准和国外先进标准的适用内容，同时适用于国内、国外工程建设市场。推进"一带一路"建设，发挥标准化的基础性和战略性作用非常关键。

1. 属地化管理

当前，中国承包商乘着共建"一带一路"倡议东风走出去，成绩斐然是不争的事实。据商务部统计数据，截至 2018 年 9 月，对外承包工程方面，我国企业在"一带一路"沿线国家新签对外承包工程项目合同 2916 份，新签合同额 732.9 亿美元，占同期我国对外承包工程新签合同额的 47.4%；完成营业额 584.9 亿美元，占同期总额的 53.7%。在如此抢眼的成绩面前，中国工程建设标准走出去，就变得越来越紧迫。标准是一种软实力，是一个国家或地区经济发展阶段的产物，是完成工程建设的通用语言，是推进共建"一带一路"倡议的重要抓手，实现中国工程标准走出去重要性毋庸置疑。标准同时也是一种隐性技术壁垒。目前，发达国家凭借自身在资本、技术、人才上的优势，在国际竞争的过程中享有先发优势，尤其长期的殖民统治、文化影响，让一些国家对他们的标准产生了依赖。再加上，中国在施工体制方面与西方国家不同，使得中国工程标准没有被广泛接受，中国工程标准想要真正走出去需要一个长期的过程。"一带一路"倡议不是对外的援助计划，也要遵循市场规律和国际通行的规则，致力于实现高质量、可持续的共同发展。

与西方发达国家相比，中国标准在走出去问题上也还有很多需要学习吸收的地方。中国建筑企业完全可以在"一带一路"框架下，以多种合作形式，吸收各种标准的共同参与。进程更加开放包容，不是要关起门来搞小圈子或者"中国俱乐部"。国外企业打开中国市场时，首先也会结合中国的习惯、文化、法律、规范等定制中国式的产品标准、技术体系。同样，中国走出去也要在保持中国特色的同时遵循这样的逻辑，将中国的文化与所在国的文化进行融合和发展，形成具有当地特色和中国元素的多元文化，进行人员属地化、制度属地化、文化属地化、标准属地化，以属地化的模式融入当地市场和文化，形成和谐共存的局面，赢得当地人的尊重和信任，实现可持续发展。具体到标准层面，中国工程标准想要走向世界，就必须具备符合国际上通用的解释语言、名词术语、检测方法、认证体系和质量控制标准，这同样需要结合当地的人文、习惯、法律和制度，形成最适用于当地的标准。

2. 开展标准互认

中国工程建设企业在"走出去"的过程中遇到技术性贸易壁垒，遭遇重大损失，很大程度在于信息不对称，不了解、不熟悉当地市场对于相关产品质量的技术要求。因此，必须推动与主要贸易国之间的标准互认，减少和消除技术壁垒，帮助企业更好地走出去。中国标准的实体内容并不一定比欧美和日本差，现行标准很多也借鉴吸收发达国家的长处，甚至等同采用。中国是世界上最大的建设市场，中国建设领域创造的世界奇迹，已经是不争的事实。尽管中国工程标准具备很多优势，但这并不意味着中国工程标准"走出去"就是一片坦途。由于中国的施工体制、规范应用、习惯与国外不尽相同，再加上最新的基础性标准外文版本出版不及时、缺少统一出版的外文版本，导致中国工程建设企业在项目当地缺乏依据，导致部分企业在走出去的过程中，因为采用标准问题蒙受损失。在推动"一带一路"建设中，标准是经济贸易往来与产业合作的技术基础和技术规则。国际化标准必须要有国际化特征，要真正体现"加强合作、共同应对，优势互补、共同发展"的宗旨。

3. 创造新价值

要在保持健康良性发展势头的基础上，推动共建"一带一路"向高质量发展转变，这是下一阶段推进共建"一带一路"工作的基本要求。对于企业来说，参与共建"一带一路"既是使命和责任，也是企业转型升级发展的必然趋势。在这个过程中，作为企业，除了谋求自身的发展和壮大，更要注重为当地的发展创造更深远的价值。一方面要认识到"一带一路"的成就是共享经济，让中国工程标准走出去，在提升自身影响力的同时，帮助当地实现利益最大化，实现多方共赢；另一方面，也要加强自身实力的建设，参与更高层次的合作竞争，除了参与施工建设，更多地要提高在咨询、设计、规划等方面的参与度，不断刷新中国建造的品牌力和美誉度。作为"一带一路"建设的实施主体，企业要积极运用标准化手段，提升参与国际标准化活动的能力水平。但是企业的能力是有限的，全面深化与"一带一路"沿线国家和地区在标准化方面的双多边务实合作，需要从各个层面开展更多的合作交流，通过我国标准的海外推广应用和认可，更好地支撑我国产业、产品、技术、工程和服务"走出去"，服务"一带一路"建设。

4.3.4　基于高质量发展的中国建造国际化战略

推动中国建造高质量发展，我们首先要深刻认识我国建造质量保证体系不够完善的现实，明确建造高质量的定义，认识到完善建造质量保证体系的难度、必要性和实现途径；其次，需要理清我国完善科学系统的建造质量保证体系与城乡建设工作目标、重点任务之间的关系，从顶层设计、科技示范、重点工作、全社会参与等角度开展工作，在相对高速发展中建立完善中国建造高质量发展体系。

1. 坚持内生式发展

党的十九大报告中指出，"我国经济已由高速增长阶段转向高质量发展阶段，正处在转变发展方式、优化经济结构、转换增长动力的攻关期"。在新形势下，建筑业作为传统制造行业要坚持眼睛向内，强大自己，大力弘扬工匠精神，持续提升产品品质，提高供给质量标准和精细化管理水平，通过产品创新及转型升级，紧跟客户需求，做优产品服务，提升客户满意度，提高企业可持续发展能力。

（1）提升建筑产品品质

建筑企业要想实现高质量发展，必须立足于自身，以提高供给质量标准为主攻方向，持续加强工程品质建设。要强化和突出建筑的"产品"属性，树立品质品牌意识，大力发扬工匠精神，打造匠心产品。

（2）强化精细管理

不论是国企还是民企，也不论是独资还是股份制企业，管理都是永恒的主题。企业要想持续发展，成为百年老店，就必须企业眼睛向内，苦练内功，加强企业内部管理，完善内部运营机制，实现降本增效，提高企业管理效率，增强企业市场竞争能力。

（3）推广绿色建筑

传统建造方式能耗大，环境污染严重，积累的矛盾和问题日益突出，大力推进绿色建筑，通过绿色建筑产品生成过程的绿色建造、绿色施工、绿色建材，降低建筑消耗，减少环境污染。随着环保要求不断提高，建筑行业和建筑企业都必须在绿色节能环保上下功夫。

（4）持续推动转型升级

建筑施工企业要加快从传统的按图施工的承建商向综合建设服务商转变。要不断关注客户的需求和用户体验，并将安全性、功能性、舒适性以及美观性的客户需求和个性化的用户体验贯穿在施工建造的全过程。通过自身角色定位的转型升级，紧跟市场步伐，增强企业可持续发展能力。

2. 坚持国际化发展

"一带一路"建设给每一个企业都带来了无限的发展机遇，"走出去"是我国企业参与国际市场竞争的重要途径，也是企业增加市场空间，实现持续发展的必然选择，目前，建筑业企业对国际市场还缺乏深刻的认知和全面把握，对国际惯例、通行规则还不熟悉，对"走出去"遭遇的挫折和教训尚未上升到规律性的认识和掌握。因此，要实施"走出去"战略，走好国际化发展之路。

（1）坚定不移地迈出国门

企业应当把国际化作为企业长期发展战略，编制《国际化经营战略规划》，构建相适应的海外发展与管理平台，推动从市场的国际化向管理体系的国际化、企业文化的国家化、人才集聚的国际化延伸。要积极稳妥地提升海外各种资源配置的比例，在人力、物力、财力等各方面要优先供给，政策上大力支持。同时，要坚持"有所为、有所不为"的策略，抑制急于求成的冲动，坚持比较优势、差异经营，依法合规经营，把商誉当作生命，维护企业品牌形象。

（2）要持续不断地走向未来

企业走出国门后，必然会遇到各种各样的问题和困难，绝不能遇到一点困难就打退堂鼓，也不能"打一枪换一个地方"，更不能竭泽而渔，搞一锤子买卖。只有长期坚守，持续耕耘，才能有所收获。

（3）要本土化深耕细作

中国建筑企业"走出去"要实施"属地化"策略，与当地社会实现深度融合，尽快了解熟悉当地的风土人情、风俗习惯、市场交易规则。也可以通过实施海外并购，快速拓展海外市场，引进海外管理经验、科学技术、人才资源，使企业运营管理与市场需求更加匹配，不断提升企业国际竞争力。

（4）要走上国际竞争的高端市场

企业要积极研究世界一流的先进技术、先进管理，紧盯国际高端市场，承揽当地市场上具有重大影响力、标志性项目，打造世界一流的"中国建造""中国品牌"。要加强金融资本和产业资本的有效对接，立足全球资源，探索股权投资、股权置换、参与股权基金、项目债券、资产证券化、发行永续债等多种融资形式，深化与国内外金融机构的互利合作，构建起金融产业对海外发展的有力支撑。

（5）要坚持获取更多的收益回报

企业经营不同于做慈善，"走出去"不能老做赔本买卖。企业参与国际竞争，一定要遵循国际市场的通用规则，遵循基本的商业逻辑，敬畏市场，尊重常识，切忌头脑发热，意气用事，盲目跟风，深刻总结经验教训。

3. 坚持创新型发展

创新是企业生命之源。在这个瞬息万变的世界，创新是企业永续经营的一大法宝。建筑行业是一个传统行业，中国建筑业是我国开启市场化进程比较早的行业领域，建筑企业作为完全竞争性的市场主体，必须锐意改革，不断创新，才能立于不败之地。建筑业的创新包括技术创新、管理创新、模式创新和机制创新等方面。

（1）技术创新

主要是指施工技术的革新与创造，新材料、新技术的应用等。建筑企业应当加大技术研发和应用的投入，及时吸收国内外先进的施工技术、手段、方法，大力推行环保节能、低碳高效绿色建造、绿色施工、绿色建筑。

（2）管理创新

主要是指企业在经营管理、生产组织方式、运营机制等方面应当不断进行变革和创新。比如说项目法施工就是对我们过去企业法施工生产方式的一次创新，而法人管项目则是对项目法施工生产方式的再创新。供给侧结构性改革、高质量发展是在新形势下对建筑业如何解决"重快轻好、重量轻质"问题提出的新要求，但要实现这种要求，就需要进一步解放思想，在管理实践中大力创新。

（3）商业模式创新

商业模式创新被认为在市场竞争中比管理创新、技术创新更为重要，未来企业间的竞争将不可逆转地进入"商业模式"的竞争。模式创新之一是"提升效率的商业模式"，其最直观的体现是注重成本的降低，包括时间成本、浪费的机会成本等方面。模式创新之二是"提升效益的商业模式"，其主要是指要打通价值链，通过 E ＋ P ＋ C ＋ O 的一条龙服务，将附加值较低的施工端向高附加值的设计、运营转型，从而实现效益提升。模式创新之三是"改善生态的商业模式"。随着环保要求不断提高，传统建造方式能耗大，环境污染严重，积累的矛盾和问题日益突出，建筑企业要不断探索以构件预制化生产和装配式施工为生产方式，以设计标准化、构件部品化、施工机械化、管理信息化为特征的"建筑工业化"的新型生产模式。

（4）体制机制创新

就整个建筑行业来讲，要走好创新之路，还必须进行体制创新。目前，我国的建筑业虽然经历了四十多年改革发展历程，但在行业管理体制上仍然存在许多问题，如法制不完善、市场不规范、政企不分开、行政无边界等，这些都严重制约着社会生产力的发展和提高，都需要不断进行改革创新。

4. 坚持信息化发展

习近平总书记指出"信息化为中华民族带来了千载难逢的机遇"。信息互联技术作为人类进入工业革命以来一次重大的、革命性的技术，已经深深地影响着当今社会的各个方面，推动着社会生产力的大幅提升。特别是"互联网＋"概念的提出，加快了信息互联技术在各行各业中的应用。但是，客观地说，目前整个工程建设行业的信息化水平还不高，个体差异还比较大，少数优秀企业已经基本实现了企业级信息集成应用，也还有一些企业仍处在岗位级工具性应用水平；大多数企业则处在部门级应用水平，其中一部分企业正处于部门级应用向企业级集成应用的过渡阶段。工程建设企业信息化困难重重，概括起来有"三座大山"：一是 IT 产品与企业管理的"两张皮"；二是各业务系统之间的"部门墙"；三是业财资税之间的"数据岛"。这"三座大山"严重阻碍着企业信息化的深化和提高，为此必须发扬愚公移山的精神，迎难而上，攻坚克难，持续努力，搬掉这"三座大山"，否则，企业信息化水平不可能实现根本性突破和质的飞跃。

（1）真正克服"两张皮"

建筑企业信息化就是将建筑企业的运营管理逻辑互联网平台化，通过信息互联技术与企业管理的深度融合，实现企业管理数字化和精细化，从而提高企业运营管理效率，进而提升社会生产力。在此，理清建筑企业的运营管理逻辑是前提，管理与技术的深度融合是关键，数字化和精细化是方法和途径，提高企业管理效率和提升社会生产力是目标和目的。建筑企业运营管理有着它的基本规律和基本逻辑，对于 IT 企业来讲，应该从需求端出发，少一些互联网思维，多一些实体经济思维，以实体企业为主，以满足实体企业的管理需求为目标。IT 企业只有研究清楚建设企业和行业的需求，提供符合建筑企业需求的产品，切实解决"两张皮"的问题，使软件产品能够切实支撑建筑企业的数字化变革，IT 企业自身也才能得到持续发展。企业经营管理只有真正运用信息互联技术，才能切实提高工作效率和企业效益，才能极大地提高企业生产力水平。

（2）坚决消除"部门墙"

信息化是以一定的标准化为基础的。企业管理信息化必须通过"管理标准化、标准表单化、表单数据化、数据信息化、信息集约化"来实现。建筑企业要多一点互联网思维，要站在 IT 的角度去思考，既然要用这个技术，那就得适应技术规则的基本要求，要想在火车道上跑，就得把轮距做得跟火车轨道一样的宽度才能快速行驶。由于工程建设行业的特殊性和多样性，我们在推行管理标准化的时候，不能仅仅在管理行为的标准化上花气力，更应当在管理语言的标准化上下功夫。具体来说，就是要把管理语言细化到管理信息因子，通过统一的数据编码，形成统一的计算机能懂的管理语言，为实现管理与技术的深度融合创造条件。管理信息因子标准化数据编码及其应用操作规范，可以归纳为两点：一是统一语言；二是统一信息交互规则。以管理语言的统一性满足管理行为的多样性。在进行企业级信息集成应用顶层设计时，必须着重考虑好核心、基础和目标这三大问题，核心是商务、业务、财务一体化主数据管理，基础是成本过程管控为主线的综合项目管理系统，目标是满足全集团多组织高效运营有效管控。只有能够满足核心、基础、目标这三个基本要求的信息化，才可以称得上基本实现了企业级集成应用。企业所有的业务系统都要在标准统一的主数据平台上进行信息互通、数据共享，才能实现各项业务横向与纵向高效协同集成。这里的关键要素是主数据标准必须统一，各业务系统数据必须与主数据系统互通。否则，各业务系统之间就会形成"部门墙"，数据不通、数据不准、数据不全的问题就难以解决，就会长期制约着企业信息化水平的提高。

（3）切实打通"数据岛"

企业经营的基本逻辑是收支平衡。任何一家企业要想持续经营，最基本的要求就是要实现收支平衡。工程项目自中标签约开始，到最终结算完成，整个过程涵盖了各类管理行为，这些行为均围绕成本、收入及效益之间的关系展开。实现商务过程成本和财务收支核算的无缝连接，实现商务成本、财务核算、资金支付、税费缴纳等经济数据的完整、准确、一致，是企业信息化过程中必须面对、必须解决的基本问题。对工程建设企业来说，经营管理的基本指标有两个：一是利润；二是现金流。企业经营管理的成果主要体现在经营性净现金流和净利润两大指标上，经济类业务包括"业财资税"四个方面，这四个方面产生出八组基本数据。这两大指标、四个方面、八组数据是企业经营管理的最基本目标，它们之间相互关联、相互影响，是一个不可分割的整体。企业信息化建设就要通过信息互联技术去打通信息孤岛，实现"业财资税一体化"的需求。企业信息化只有实现管理和技术深度融合，才是好的信息化，这也是技术应用好坏的检验标准，是信息技术应用成败的试金石。信息互联技术的应用是一场伟大的革命，谁拥有信息互联技术谁就拥有未来。

5. 坚持建筑工人产业化发展

目前，国内的建筑业工人主要以未经过系统培训的农民工为主，无论是社会、企业，对其职业生涯发展、个人素质提升的关注都较少。比如对工人技术水平的评定不够科学、合理；高素质技术工人在城市落户、社会福利等方面的政策措施难以落地；对工人的技术培训体系不健全。而且随着国内"人口红利"和低成本劳动力优势的减弱，这些问题将更加凸显。产品和服务是由从事产品和服务工作的人创造的，没有精益求精的"工匠精神"，就不可能创造出高品质的产品和服务，而精益求精的"工匠精神"，是要经过长期培养养成的，并且还必须建立起一套运行有效的长效机制。所以，走建筑工人产业化发展之路是一种必然选择。

（1）倡导工匠精神，改善高技能人才成长环境

要使全社会形成"品质化""精细化"的生产观念。尤其在典型企业大力褒奖、典型人物树立宣传方面，将传统的小规模"点"式宣传扩大为有计划的系统性宣传；另一方面，积极应用新媒体，使"推动式"宣传可以转化为"主动式"宣传，从而实现"工匠精神"的真正深入人心，树立起崇尚"工匠精神"、尊重"工匠人"的社会风尚，不断优化高技能人才的成长环境。

（2）打造工匠辈出的机制

加大政策引导力度，促进供给制改革落到实处，确保"中国建造 2025"战略的全面落地。相关部门建立科学合理的"工匠人才"的职业发展通道，完善技术评价考核体系，对于技术能力的评价突出实用性、实效性，提高高技能人才的薪酬福利水平，改善农民工的生活品质，从机制上保证"工匠人才"有一个良好的职业发展环境和生存生活环境，不断提高"工匠人才"的生活质量。

（3）提升工匠群体素质

加强建筑产业技术工人培训，着力提升操作工人的技术技能素质水平。要发挥政府、企业、个人和社会四个方面的积极性，建立起立体交叉、注重实效的操作技能人才培训、使用、提高的制度体系架构。可由相关部门牵头，建立覆盖更全、标准更高、机制更优的技术工人培训体系，例如在社会、学校（含培训机构）、企业三个层面建立连接更加紧密的培训体系，以改变现在普遍存在的农民工"不培训就上岗"，或教学与实践脱钩的情况。

（4）优化工匠管理的体制机制

要加快畅通农民工市民化发展的通道，改革城乡二元结构体系，拆除农民工在户口、就业、住房、就医、社保、子女入学、升学、高考等方面的限制。可优先考虑在城市已生活工作一定年限（比如说五年）、技能素质达到一定级别（比如说中级技工）的高技能人才，使他们尽快市民化，享受市民的正常待遇，使他们能够长期在城市安居乐业、幸福生活。还应当设立一大批专门从事建筑工匠管理的专业公司，促进广大建筑产业工人的组织化建设。

中国改革开放 40 多年，经济快速发展造就了空前的工程建设规模，为中国工程建造能力提升提供了千载难逢的发展机遇，使工程建设领域的重大复杂技术能够付诸工程实践，中国建造应对各种工程疑难杂症的技术水平实现了超常规提升。随着我国进入新的历史发展时期，经济结构不断优化，国家部署"一带一路"倡议等重大战略，中国建造将应对更难、更高、更复杂工程的巨大挑战，对绿色建造、智能建造、工业化建造、精益建造的践行提出更高要求。我们唯有不懈努力，开拓创新，才能不断推进中国建造更好更快发展。

第 5 章

面向"十四五"时期建筑业高质量发展政策建议

习近平总书记在党的十九大报告中指出:"我国经济已由高速增长阶段转向高质量发展阶段"。高质量发展是中国未来发展的主题,是一项长期的战略任务。高质量发展阶段的论断表明,我国经济已经从主要依靠增加物质资源消耗实现的粗放型高速增长,转变为主要依靠技术进步、改善管理和提高劳动者素质实现的集约型增长。高质量发展表现在产业结构上是由资源密集型、劳动密集型产业为主向技术密集型、知识密集型产业为主转变;在产品结构上由低技术含量、低附加值产品为主向高技术含量、高附加值产品为主转变;在经济效益上由高成本、低效益向低成本、高效益的方向转变;在生态环境上由高排放、高污染向循环经济和环境友好型经济转变。

5.1 建筑业"十四五"发展与展望

党的十九届五中全会审议通过的《中共中央关于制定国民经济和社会发展第十四个五年规划和二〇三五年远景目标的建议》(以下简称《建议》)着眼于第二个百年奋斗目标,规划了"十四五"乃至 2035 年间我国经济社会发展的目标、路径和主要政策措施,是指引全党、全国人民实现中华民族伟大复兴的行动指南。《建议》的核心要义体现在新发展阶段、新发展理念、新发展格局。中共中央总书记、国家主席、中央军委主席习近平在学习贯彻党的十九届五中全会精神专题研讨班开班式上发表重要讲话强调,进入新发展阶段、贯彻新发展理念、构建新发展格局，是由我国经济社会发展的理论逻辑、历史逻辑、现实逻辑决定的。进入新发展阶段明确了我国发展的历史方位，贯彻新发展理念明确了我国现代化建设的指导原则，构建新发展格局明确了我国经济现代化的路径选择。在"十四五"期间，建筑业企业要深入学习、贯彻落实党的十九届五中全会精神，准确把握新发展阶段，深入贯彻新发展理念，加快构建新发展格局，推动"十四五"时期建筑业高质量发展。

5.1.1 建筑业贯彻新发展理念的总体思路

《建议》把"坚持新发展理念"列为"十四五"时期我国经济社会发展必须遵循的原则，并明确要求："坚定不移贯彻创新、协调、绿色、开放、共享的新发展理念""把新发展理念贯穿发展全过程和各领域""切实转变发展方式，推动质量变革、效率变革、动力变革，实现更高质量、更有效率、更加公平、更可持续、更为安全的发展"。这也是对建筑行业未来发展的总体要求。

1. 坚持新发展理念的理论依据

表面上看，新发展理念是针对我国发展过程中存在的不平衡、不全面、不可持续问题提出来的；究其深层次原因，则有我国工业化深入推进、经济社会结构发生阶段性变化作为理论依据。

首先，我国农村剩余劳动力基本转移殆尽，甚至出现了劳动力总人口数量持续下降的局面。要想在"人口红利"快速消失的背景下维持经济较快增长，就必须在提高劳动生产率上下功夫。在多年来投资持续高速增长、基础设施、厂房、机器设备供应相对充裕的条件下提高劳动生产率，最有效的办法就是加快转变生产方式，通过创新来加快产业升级步伐、提高企业生产效率、提高产业竞争力。

工业化中期发展阶段也是城市化快速发展、基础设施投资旺盛的发展阶段。钢铁、建材、化工、能源等行业快速发展，导致对自然资源的高强度采掘和加工使用，相应地也带来了工业废弃物排放大量增加和环境污染加剧；但从国际经验看，当工业化发展达到一定水平后，污染物排放又会随着人均收入的增加由高趋低，环境质量也逐渐得到改善。导致上述环境"库兹涅茨曲线"拐点出现的原因，既有居民消费需求随着收入增加而升级、对环境质量的要求越来越高；也有政府监管日趋严格，企业违法成本上升；还有企业生产技术进步，污染物排放减少。而我国恰恰在 2010 年前后整体进入工业化后期发展阶段，主导产业的更替使一度火爆的"两高一资"产业成为增长乏力的"传统产业"(高耗能、高污染、资源密集型产业,具体如采矿业、冶金、建材、能源等);与此同时,伴随着收入的快速增长,居民对环境议题也越来越敏感。围绕大气质量(PM$_{2.5}$)的广泛讨论,使居民对环境污染和生活质量的关注显著提高。至此,推动绿色发展的时机基本成熟。

工业化发展中后期也是社会矛盾尖锐、冲突多发的转型关键期。许多国家就是因为社会矛盾突出(例如城乡差距、劳资矛盾等)而又缺乏有效的纾解和调节机制,在经济金融危机、政策失误乃至偶然性事件的冲击下,社会动荡不安,经济发展陷于停滞甚至出现倒退,最终陷入"中等收入陷阱"。采取积极措施,主动消除经济社会发展中的各种矛盾和风险,是跨越"中等收入陷阱",持续推进工业化、城市化进程的必然选择。

工业化中后期发展阶段的主导产业还有资本密集、规模经济效应显著的特征。这一方面带来了资本相对于劳动者的强势地位,拉大了收入差距;另一方面也带来社会生产能力的极大扩张,使产能过剩的问题更加严重。当年,先行工业化国家(发达国家)大多是通过资本输出、掠夺海外殖民地来缓解上述矛盾的。我国是社会主义国家,不可能走海外掠夺的老路,只能眼光向内,把改善收入分配、扩大内需作为主要的应对措施。因此,积极推动发展成果共享,既是社会主义公平正义的内在要求,也是我国工业化向纵深发展的现实需要。

借助贸易、资本、人员往来的纽带,当今世界已发展成为"地球村"。充分利用"两个市场、两种资源",是实现高质量发展的必要条件。党的十一届三中全会以来,我国秉持改革开放的基本国策,不断扩大对外开放的深度和广度,加快了改革和发展的步伐。历史的经验教训使我们充分认识到:"改革开放是强国之路。"要更好地实现发展,就必须秉持开放理念,推动开放式发展。

正是在上述探索成就的基础上,中共中央在"十三五"规划建议中提出了"创新、协调、绿色、开放、共享"的新发展理念。

2. 建筑业贯彻新发展理念的总体部署

(1)"十四五"时期贯彻新发展理念的新要求

"十四五"期间,要把新发展理念贯穿发展全过程和各领域。在推进创新发展方面,要"把科技自立自强作为国家发展的战略支撑",要"面向世界科技前沿、面向经济主战场、面向国家重大需求、面向人民生命健康,深入实施科教兴国战略、人才强国战略、创新驱动发展战略,完善国家创新体系,加快建设科技强国"。在推进协调发展方面，围绕构建国土空间开发保护新格局、推动区域协调发展、推进以人为核心的新型城镇化。在推动绿色发展方面，要坚持绿水青山就是金山银山理念，深入实施可持续发展战略，完善生态文明领域统筹协调机制，促进经济社会发展全面绿色转型。在推动开放发展方面，要推动共建"一带一路"高质量发展、积极参与全球经济治理体系改革三方面作了部署。在推动共享发展方面，要健全基本公共服务体系，完善共建共治共享的社会治理制度，扎实推动共同富裕，不断增强人民群众获得感、幸福感、安全感，促进人的全面发展和社会全面进步。

（2）"十四五"期间，建筑业高质量发展的基本原则

1）坚持统筹谋划，系统推进。立足建设国内强大市场，加强前瞻性思考、全局性谋划、战略性布局、整体性推进，围绕建筑业和勘察设计行业转型升级重点目标任务，坚持问题导向，明确改革创新方向，做好顶层设计，准确把握新发展阶段的新特征，着力构建行业发展新格局。

2）坚持市场主导，政府引导。充分发挥市场在资源配置中的决定性作用，强化市场主体地位，落实市场主体责任，持续深化"放管服"改革，优化市场环境，健全建筑市场信用体系，推动建筑市场实现"优质优价"和"优胜劣汰"。

3）坚持创新驱动，绿色发展。推动新一代信息技术与建筑业和勘察设计行业深度融合，以智能建造为支撑，积极培育新技术、新产品、新业态、新模式，切实转变建造方式，注重能源资源节约和生态环境保护，实现更高质量、更有效率、更可持续、更为安全的发展。

4）坚持质量第一，安全为本。统筹发展与安全，坚持人民至上、生命至上，推动安全关口前移，坚持隐患就是事故的观念，以品质提升为主线，以安全保障为底线，以技术创新为引领，深化改革、系统治理、协同推进，加快完善工程质量安全监管体制机制，推动工程质量安全水平提升，不断增强人民群众获得感、幸福感、安全感。

（3）"十四五"期间，建筑业的发展的主要任务

1）保护适度规模增长。在构建国内国际双循环经济发展格局的背景下，建筑业在内需形成和有效供给上将担当更多的责任。全国建筑业总产值年均增长率应保持在6%以上，建筑业增加值年均增长5%以上。

2）推进工程组织实施模式变革。加快设计、施工资质的融合，形成一批以工程总承包、全过程工程咨询服务、开发建设一体化为业务主体、技术管理领先的龙

头企业,加强建设世界一流企业。

3)增强建造技术领先地位。围绕卡脖子环节,突破相关核心技术和关键技术。巩固保持超高层建筑、机场等大型公用建筑、高速铁路、超长距离海上大桥、核电站等领域的国际技术领先地位。

4)促进智能建造、绿色建造、新型建筑工业化协同发展。以大力发展建筑工业化为载体,以数字化、智能化升级为动力,加大智能建造在工程建设各环节应用,形成涵盖科研、设计、生产加工、施工装配、运营等全产业链融合一体的智能建造产业体系,积极推进装配建造、智能建造、绿色建造,加快 BIM 技术应用和数字化变革步伐,实现建筑业转型升级和持续健康发展。

5)加大培育建筑产业工人力度。以夯实建筑产业基础能力为根本,以构建社会化专业化分工协作的建筑工人队伍为目标,建立健全符合新时代建筑工人队伍建设要求的体制机制,为建筑业持续健康发展和推进新型城镇化提供更有力的人才支撑。进一步改善建筑产业工人生活环境、作业环境和权益保障。

6)强化工程质量和安全生产监管。全面落实工程质量终身责任制。进一步加大建筑业安全生产投入的比例,降低建筑业责任事故死亡率。推进信息技术与安全生产深度融合,通过信息化手段加强安全生产管理。

7)建立完善的市场运行机制。进一步完善招标投标管理制度,改革建设工程企业资质管理制度,彻底清除对建筑业企业设置的不合理准入条件、擅自设立或变相设立的审批、备案事项,提升营商环境法治化、国际化水平。

8)推进建设行业治理现代化目标。信用监管机制更加科学完善,加大建设项目数字化审批平台的应用,简化审批流程。

5.1.2　推进新发展阶段建筑产业现代化的进程

党的十九届五中全会提出,全面建成小康社会、实现第一个百年奋斗目标之后,我们要乘势而上开启全面建设社会主义现代化国家新征程、向第二个百年奋斗目标进军,这标志着我国进入了一个新发展阶段。新发展阶段是我国社会主义发展进程中的一个重要阶段。社会主义初级阶段不是一个静态、一成不变、停滞不前的阶段,也不是一个自发、被动、不用费多大气力自然而然就可以跨过的阶段,而是一个动态、积极有为、始终洋溢着蓬勃生机活力的过程,是一个阶梯式递进、不断发展进步、日益接近质的飞跃的及量的积累和发展变化的过程。全面建设社会主义现代化国家、基本实现社会主义现代化,既是社会主义初级阶段我国发展的要求,也是我国社会主义从初级阶段向更高阶段迈进的要求。

1. 建筑业进入建筑产业现代化新发展阶段

随着 1840 年鸦片战争后帝国主义及其经济势力的入侵，带来了资本主义建筑业的组织形式和经营方式。第一次世界大战爆发后，民族工业有所发展，建筑业也渐渐兴盛起来，并有能力承包高层建筑（如上海的 17 层中国银行大楼工程）。但总的说来，当时建筑业还很薄弱。

中华人民共和国成立后，建筑业是伴随着新中国建设事业的发展而成长壮大起来的。在国民经济恢复期以及从 156 项重点项目建设到"六五"计划前，建筑业在极其艰难的条件下，为稳定国民经济秩序、改变一穷二白的落后面貌，努力建成了比较完整的工业体系和国民经济体系，为国家的经济腾飞奠定了重要的物质和技术基础。改革开放 40 多年来，建筑业进入了一个蓬勃发展的鼎盛时期。随着我国社会主义市场经济体制的不断完善、城乡基本建设投资的大幅度增加，建筑业取得了史无前例的辉煌成就。总体上说，我们完成了规模宏大的城乡基本建设任务，建成了一大批结构复杂、技术含量高、施工难度大的重大工程，在一些建造技术领域达到国际领先或先进水平；为改变城乡面貌、改善人居环境做出了突出贡献；建筑业成为大量吸纳农村富余劳动力就业、有力促进城乡和谐发展的重要产业，为国民经济和社会发展做出了巨大贡献。

但是与此同时，我们更要清醒地看到，目前仍然存在着制约建筑业健康发展的问题和障碍。一是建筑业生产能力过剩，建筑市场不规范，导致业主方肆意压价，恶性竞争，建筑业企业存在"三低一高"的现象，即产值利润率低、劳动生产率低、产业集中度低、市场交易成本高，建筑企业持续发展的能力不足。二是建筑业生产方式落后。由于管理体制等多方面的原因，造成建筑产品生产链条处于分裂状态，项目可行性研究、设计、施工、采购相互分割，无法形成总承包管理体制，不能进行整体协同优化管理。工程建设过程中资源浪费大、污染物排放多。三是近二十多年来国家基本上没有给建筑业任何资金投入，致使建筑企业的科技创新能力、技术装备水平、综合竞争实力、建筑工业化程度与发达国家的差距较大。四是操作工人业务素质不能适应现代建筑产品快速发展形势的要求。总的结论是，建筑业的发展还没有真正转移到依靠集约化管理和技术进步的良性轨道上，我国建筑业的现代化、国际化道路依旧漫长。

目前，建筑业所包含的业务范围已经融入中国社会、经济、人民生活的各个方面，任何一个产业部门的发展都离不开建筑业的基础性支撑作用、拉动作用和服务作用。建筑业虽然在整体上算不上是高科技产业，但任何宏伟的建设蓝图都需要经过建造过程才能变成现实，即使是最现代的高科技产业，也需要经过建造安装活动，才能使现代设备、装置有机组合成一体，形成产业生产能力。虽然，目前建筑业是传统的劳动密集型产业，但又具有与时俱进的特征。从马克思主义经济学基本原理出发，建筑业是整个社会生产和实现社会扩大再生产不可或缺的特殊产业。

当前及今后一个时期，是我国新型工业化、信息化、城镇化、农业现代化加速发展时期，也是社会经济结构急剧转型的关键时期，更是各类利益纠纷和社会矛盾的多发期，依靠固定资产投资拉动经济增长仍然是推动发展的重要手段。建筑业加快转变发展方式的任务依然艰巨，任重道远。为了把建筑业打造成为具有较高贡献率的支柱产业、引领时代发展潮流的低碳绿色产业、自觉履行社会责任的民生产业、具有较高产业素质的诚信产业，必须全面促进建筑产业现代化。

2. 加速推进新发展阶段建筑产业现代化的进程

（1）发挥大中型特别是国有建筑企业在推动建筑产业现代化过程中的率先垂范作用。

（2）建筑企业应加大科技投入，积极采用先进、适用的建造技术、工艺和装备，科学合理地组织工程施工，提高机械化作业水平，减少繁重复杂的手工劳动和湿作业；发展系列化的通用建筑构配件和制品的适度规模经营，提高规模效益；建立和完善产品标准、工艺标准、信息化标准、工法等，合理解决标准化和多样化的关系，不断提高建筑标准化水平；采用现代管理方法和信息化手段，优化资源配置，提高节能减排效率。

（3）大力推行以 EPC 为代表的工程总承包模式、以 PMC 为代表的工程项目管理服务模式和以 BOT 为代表的综合管理模式。这些符合建筑产业现代化发展趋势和要求的新型模式，能够有效整合设计、采购、施工等整个产业链，实现建筑产品节能、环保、全生命周期价值最大化。同时，有利于提高建设效率、加快新型城镇化进程；有利于促进节能减排、优化生态城乡建设；有利于提升企业竞争实力，增强行业国际地位；有利于改善产业结构、推动经济社会发展。

（4）引导建筑企业建立先进的工程管理模式，这是实现建筑产业现代化的基本保障。经过"推广鲁布革工程建设经验"的实践，已经总结出一套适合我国建筑业工程建设的管理模式，但是，仅仅适用于传统的建筑业。建筑产业现代化与传统建筑生产方式有很大不同，这就迫切需要我们结合现实情况，探索一套先进的工程管理模式，用以为建筑产业现代化发展提供有力的保障。

（5）推动建筑企业加强国际合作，积极引进、消化、吸收国外先进的建筑技术和管理经验，同时注重加强自主创新，以此促进建筑业现代化。我国建筑产业现代化水平比发达国家落后，建筑产业现代化的发展基本上是处于起步阶段，然而一些发达国家在这方面有着较为丰富的经验。基于"后发效应"，我们应当向这些发达国家学习先进的经验，这样不仅能加快我国建筑产业现代化的发展步伐，也能避免在发展过程中走向错误的方向。

5.1.3 加快构建建筑业新发展格局的战略举措

在世界步入"百年未有之大变局"时代，随着部分国家陆续出台措施，限制高技术产品对华出口、限制对华科技交流、限制购买国内高技术产品和服务，那些在过去高度依赖国际市场的产业所面临的经营风险便陡然上升，部分产业甚至会因为关键零部件和加工设备断供而陷入困难境地。在此背景下，加快构建国内国际双循环相互促进的新发展格局，便成为摆在全国人民面前的一项重要课题。

1. 加快构建建筑业新发展格局的宏观措施

（1）科技自立自强是衔接国内、国际循环的关键

要解决国外技术"卡脖子"的局面，明确重点产业攻关领域，塑造加快相关产业发展的良好氛围。更好地利用两个市场、两种资源来发展本国经济。建设科技强国、实现科技自立自强。只有这样，才能搞好国际经济循环，为国内大循环创造良好条件。

（2）依托国内市场构建国内大循环

把实施扩大内需战略同深化供给侧结构性改革有机结合起来。要充分发挥需求对供给的牵引作用，推进新型基础设施、新型城镇化、交通水利等建设，实施一批重大工程；发挥政府投资撬动作用，激发社会资本投资活力。要充分发挥供给创造需求的作用，则必须深化供给侧结构性改革，加快产业结构优化升级步伐，以更高质量的产品和服务引领消费、创造消费、发掘消费增长的潜力。提升产业链供应链现代化水平，发展战略性新兴产业，加快发展现代服务业，统筹推进基础设施建设，加快数字化发展。

（3）打通堵点，畅通经济大循环

经济要高效地运转起来，需要贯通生产、分配、流通、消费各环节。为此《建议》明确提出：要优化供给结构，改善供给质量，提升供给体系对国内需求的适配性；要推动金融、房地产同实体经济均衡发展，实现上下游、产供销有效衔接；要破除妨碍生产要素市场化配置和商品服务流通的体制机制障碍，降低全社会交易成本。而围绕促进国内、国际双循环有效联动。优化国内国际市场布局、商品结构和贸易方式，提升出口质量，增加优质产品进口。

（4）关键要靠全面深化改革

无论是加快发展现代产业体系，还是消除经济循环的堵点，都需要全面深化改革以消除深层次矛盾和障碍。着眼于推动有效市场和有为政府更好结合，要加快国有经济布局优化和结构调整，加快完善中国特色现代企业制度，深入推进国有企业混合所有制改革。推进能源、铁路、电信、公用事业等行业竞争性环节市场化改革，破除制约民营企业发展的各种壁垒，依法平等保护民营企业产权和企业家权益。健全市场体系基础制度，形成高效规范、公平竞争的国内统一市场；推进土地、劳动力、资本、技术、数据等要素市场化改革。

2. 加快构建建筑业新发展格局的策略措施

从建筑行业的未来发展来说，建筑产业现代化离不开五化，即绿色化、工业化、信息化、标准化和国际化。绿色化就是以人为本、节约资源，节省资源，保护环境和自然和谐共生，这是最根本的目标。工业化就是提高质量和效率，减少人力，降低能源资源消耗，这是工业化也是工业发展的手段和目的。信息化主要是以数字信息技术为手段，在全产业链上推动建筑产业提质增效，加速传统建筑产业转型升级。标准化就是建设中国特色、与国际接轨的标准化管理体制和标准体系，为经济全球化和"一带一路"输出中国技术和中国标准提出了更高的要求。

（1）聚焦绿色化发展目标

按照"碳达峰、碳中和"的总体要求开展以下工作。第一是在绿色化性能方面，坚持以人为本，降低能源和资源消耗，要提升建筑品质来推动绿色建筑概念的普及以及在生活中得到广泛地应用。为了减少能源和资源的消耗，要加强近零能耗，超低能耗产能建筑这方面的应用。第二是在全寿命周期方面。要贯穿绿色建筑全生命周期，加强老城镇的改造以及绿色生态区的建设。要在降低能源和资源的消耗上，要近低能耗、近零能耗和零能耗。建立近零能耗建筑技术体系，研究开发高性能低碳建筑材料和部品及高效能源设备，通过规模化可再生能源高效率利用，建立建筑主体和分布式能源集成联动系统，实现建筑物运行零碳排放。第三是在既有建筑改造方面，营造健康宜居环境。要进行宜居环境改造和康养化改造，要提升能效、环境、安全等综合性能。要加强城市更新，包括地下空间改造与利用，利用公共设施改造以及老城区的再利用。

（2）推进新型工业化步伐

新型工业化是建筑业发展的必然趋势。建筑业新型工业化就是在现代条件下将工业化思维应用到建筑的全过程。工业化就是以标准化技术为引领，带动设计、制造、施工、装修一直到运营的全产业链工业化，要发展适用于不同建筑类型的工业化的建筑体系，最终实现的目标就是提升工程质量，减少资源消耗，降低污染排放，使建筑行业转向高质量的升级。

建筑业新型工业化包括以下内容：第一是发展装配式混凝土建筑。设计模数化、构件标准化、施工装配化、装修一体化、管理信息化等，发展适用于住宅、办公、仓储、物流、学校、停车楼等不同功能需求的适宜的装配式技术体系。提高全产业链信息化水平，探索设计、采购、施工一体化的EPC总承包模式。同时推进钢结构的工业化进程。随着钢材料的增加以及资源利用等要求的提出，要加强在住宅中利用钢结构体系的研究。本身钢结构在住宅中应用不仅结构本身，而且要加强结构体系的研究，包括完善围护系统、设备与管线系统、内装系统来提升应用。第二是要提高现浇建筑的工业化建造技术水平。现阶段，有大量的建筑是在用现浇的混凝土来建造建筑，尤其在一些超高层建筑中采用，因而，现浇结构的工业化是我们不仅不能忽略而且需要加强研究的一个重要方向，包括新型模板体系、成型钢筋加工配送等。同时，也要注重推广内装一体化设计与施工水平。第三是建筑工业化与智能建造、绿色建造的融合发展。第四是施工现场的机械化操作，包括大量应用建筑机器人。

（3）促进数字化变革

众所周知，当前BIM在建筑当中的应用越来越广，BIM信息技术从单体的应用向CIM也就是城市的应用方向已经成为未来技术发展方向，具有自主知识产权的系统平台和专业软件开发及应用将是未来建筑行业信息化发展的重点。从单体建筑BIM的应用，从数字建筑到数字城市一直到数字中国，来推动数字化建筑在全产业链、在全生命周期从单体建筑到城市集群的应用，这就要求我们对信息化技术尤其是平台技术的研究，要越来越重视。BIM的基础平台，比如三维模型软件主要是借助于国外软件的基础上，从城市集群到数字中国，对国家安全会带来更大的挑战，这要求我们一定要在原创性基础研究上取得突破，以免长期受制于人。

BIM 也是建筑业信息化最佳的应用，为建筑的全生命周期的管理提供信息技术支撑。现在 BIM 的应用还存在一定的距离，这与我们的软件开发以及管理体制机制等方面有关。我们一定要从全生命周期和全产业链的角度，来推动 BIM 在建筑全生命周期的应用。

要加强协同平台的开发，要建设具有我国自主知识产权的 BIM 平台，形成建筑工程与全生命周期的建设应用系统，来推动 BIM 向 CIM 的应用，来融合 BIM ＋ GIS、大数据、物联网、云服务、人工智能等技术，为数字化应用提供平台。同时智能互联推动智慧建筑发展，为智能建筑提供了一个非常好的发展的机遇。智能建筑发展的趋势主要是在智慧化、虚拟化、定制化方面，只有加强研究，才能使建筑插上智能的翅膀。新型建筑工业化离不开信息化，就是坚持以信息化带动工业化，以工业化促进信息化。

（4）夯实标准化基础

以政府为主导、行业协会牵头、企业为主体共同推进工程建设领域标准化建设，充分发挥市场主体编制标准的积极性和能动性，构建一个强制性标准守底线、推荐性标准保基本、行业标准补遗漏、团体标准促创新、企业标准提质量的标准化格局，形成国际化规格、门类齐全、层次清晰、协调统一、操作性强、紧扣建筑产业发展需求的标准体系。

（5）提升国际化竞争力

国际化已经成为建筑业在国际国内双循环经济发展格局下扩大发展规模和生存空间的必然要求。建筑业企业实行积极的国际化经营战略，是企业长远发展的必然选择。建筑业企业要在全球布局、跨国经营的总体战略下，确立技术领先、管理先进、服务优良、品质优秀、具有较强国际竞争力的发展目标。坚持在质量效益型模式下的规模增长，加快资本运作，提高盈利能力，加强企业管控，减低运营风险，增强企业可持续发展能力。制定有效的战略路径和措施，优化国际工程市场业务发展模式，提升科技创新能力，提升内部管理水平，加大复合型人才资源开发，加强先进文化引领，探索和发展本土化实施模式，打造更强的工程总承包总集成能力。

5.2　面向政府主管部门的政策性建议

5.2.1　深化"放管服"改革优化营商环境

进一步贯彻落实国务院《全国深化"放管服"改革优化营商环境电视电话会议重点任务分工方案》中对工程建设领域的工作部署，切实做到"放出活力和创造力，管出公平和质量，服出便利和实惠"。

1. 持续推进投资建设管理体制改革

（1）优化再造投资项目前期审批流程，加强项目立项与用地、规划等建设条件衔接，实行项目单位编报一套材料，政府部门统一受理、同步评估、同步审批、统一反馈，加快项目落地。

（2）进一步提升工程建设项目审批效率。全面推行工程建设项目分级分类管理，在确保安全前提下，对社会投资的小型低风险新建、改扩建项目，由政府部门发布统一的企业开工条件，企业取得用地、满足开工条件后作出相关承诺，政府部门直接发放相关证书。加快推动工程建设项目全流程在线审批，推进工程建设项目审批管理系统与投资审批、规划、消防等管理系统数据实时共享，实现信息一次填报、材料一次上传、相关评审意见和审批结果即时推送。

（3）推动项目治理体系与治理能力现代化建设。从行业层面、企业层面、项目层面规范利益相关方的主体行为，建立完善工程项目管理法律法规和标准体系，构建适应于建筑业高质量发展的项目治理体系。同时要有计划、有步骤地加快总结推广一批行业在推进项目治理体系现代化建设中企业和项目部先进的经验和做法。

（4）进一步完善招标投标制度。一是按照项目资金来源，实行分类招标、优化投标流程、提高工作效率；二是运用现代化信息技术建立公平、公正、公开、统一的公共资源交易平台，推行网上异地评标，简化招标投标程序，规范招标投标行为，实现交易全过程电子化，降低工程交易成本；三是探索推行由建设单位自主决定发包方式，民间投资、外资、非国有资本投资项目原则上由业主选择承包商；四是对最低价中标有一定底线约束，对于低价实施高额的担保制度。

（5）加大力度出重拳从治本角度遏制建设单位拖欠工程款老大难问题，从法规制度执行上惩治工程招标投标垫资的恶性围标现象。

2. 创新行政审批方式激发市场主体活力

（1）进一步弱化资本市场准入门槛。围绕工程建设企业资质制度改革，清理有关部门和地方设置的不合理条件，大力精简企业资质类别，归并等级设置，简化资质标准，优化审批方式，对具备条件的建设工程企业资质审批实行告知承诺管理。进一步放宽建筑市场准入限制，降低制度性交易成本，破除制约企业发展的不合理束缚，持续激发市场主体活力。

（2）创新行业监管与服务模式。加快研发适用于政府服务和决策的信息系统，探索建立大数据辅助科学决策和市场监管的机制，完善数字化成果交付、审查和存档管理体系。深化"互联网＋政务服务"。加快推动企业审批事项线上办理，实行全程网上申报和审批，逐步推行审批事项电子资质证书，实现企业审批事项"一网通办"，减轻企业负担，提高办事效率。建立健全与智能建造相适应的工程质量、安全监管模式与机制。

（3）完善优化营商环境的长效机制

1）建立健全政策评估制度。建立对重大政策开展事前、事后评估的长效机制，推进政策评估工作制度化、规范化，使政策更加科学精准、务实管用。

2）建立常态化政企沟通联系机制。加强与企业和行业协会商会的常态化联系，完善企业服务体系，及时回应企业和群众诉求。

3. 推进项目治理体系创新和治理能力建设

围绕建筑业高质量发展目标，推动建设工程项目治理体系创新和项目治理能力建设，确保每一个工程项目都成功。

（1）在政府部门主导下，由行业协会牵头，联合广大建筑企业开展《建设工程项目治理体系标准》的编制工作，同时开展建设工程项目治理能力评价活动。通过树立标杆典型，引领工程建设领域各类企业自觉提升项目治理意识，创新工程项目管理运行机制，提升工程项目生产力水平，满足人民群众对高品质宜居建筑产品的需求。

（2）推进工程项目投资建设管理体制创新，面向工程项目全生命周期，从投资项目立项审批、设计、施工，直至试运行交付，着力完善制度和机制，建立全流程一体化集成体系，提高建设项目综合效益。

（3）借助于数字化、智能化信息技术，构建建设工程项目治理数字化平台，形成工程建设新型生态，推动建筑产业转型升级。

5.2.2 推动工程建设组织实施模式创新

工程总承包和工程咨询是国际通行的工程建设组织实施模式。积极推行工程总承包和工程咨询，是深化我国工程建设项目组织实施方式改革，提高工程建设管理水平，保证工程质量、安全生产和投资效益，规范建筑市场秩序的重要措施。面向"十四五"乃至更长的历史发展时期，进一步推行工程总承包和工程咨询的措施：

1. 提升工程总承包一体化集成能力

（1）鼓励政府投资的建设项目、国有资本占主导地位的投资项目、装配式建设项目、绿色建筑项目、以应用 BIM 技术为代表的智能建造项目率先采用工程总承包和工程全过程咨询模式。

（2）鼓励具有工程勘察、设计或施工总承包资质的勘察、设计和施工企业，通过改造和重组，建立与工程总承包业务相适应的组织机构、项目管理体系，充实项目管理专业人员，提高融资能力，发展成为具有设计、采购、施工（施工管理）综合功能的工程总承包型公司和全过程咨询型公司，在其勘察、设计或施工总承包资质等级和综合能力许可的范围内开展工程总承包业务和全过程咨询业务。

（3）针对中国建筑业多年来形成的勘察、设计、施工、监理等专业工作的相对独立的特点，打破行业界限，允许工程勘察、设计、施工、监理等企业，按照有关规定申请取得相应的工程总承包和全过程咨询资质。鼓励有投融资能力的工程总承包企业和工程全过程咨询企业，对具备条件的工程项目，根据发包方的要求，按照建设—转让（BT）、建设—经营—转让（BOT）、建设—拥有—经营（BOO）、建设—拥有—经营—转让（BOOT）等方式组织实施项目建设活动。

2. 优化全过程工程咨询服务市场环境

（1）建立全过程工程咨询服务技术标准和合同体系。研究建立投资决策综合性咨询和工程建设全过程咨询服务技术标准体系，促进全过程工程咨询服务科学化、标准化和规范化。

（2）完善全过程工程咨询服务酬金计取方式。全过程工程咨询服务酬金可在项目投资中列支，也可根据所包含的具体服务事项，通过项目投资中列支的投资咨询、招标代理、勘察、设计、监理、造价、项目管理等费用进行支付。

（3）建立全过程工程咨询服务管理体系。包括服务技术标准、管理标准，质量管理体系、职业健康安全和环境管理体系。

5.2.3　着力推进三大建造协同发展

坚持新发展理念，坚持以供给侧结构性改革为主线，围绕建筑业高质量发展总体目标，以大力发展建筑工业化为载体，以数字化、智能化升级为动力，创新突破相关核心技术，加大智能建造在工程建设各环节应用，形成涵盖科研、设计、生产加工、施工装配、运营等全产业链融合一体的智能建造产业体系，提升工程质量安全、效益和品质，有效拉动内需，培育国民经济新的增长点，实现建筑业转型升级和持续健康发展。

1. 加快装配式建造升级

大力发展装配式建筑，推动建立以标准部品为基础的专业化、规模化、信息化生产体系。加快推动新一代信息技术与建筑工业化技术协同发展，在建造全过程加大建筑信息模型（BIM）、互联网、物联网、大数据、云计算、移动通信、人工智能、区块链等新技术的集成与创新应用。大力推进先进制造设备、智能设备及智慧工地相关装备的研发、制造和推广应用，提升各类施工机具的性能和效率，提高机械化施工程度。加快传感器、高速移动通信、无线射频、近场通信及二维码识别等建筑物联网技术应用，提升数据资源利用水平和信息服务能力。加快打造建筑产业互联网平台，推广应用钢结构构件智能制造生产线和预制混凝土构件智能生产线。

2. 提升智能建造水平

推进数字化设计体系建设，统筹建筑结构、机电设备、部品部件、装配施工、装饰装修，推行一体化集成设计。积极应用自主可控的 BIM 技术，加快构建数字设计基础平台和集成系统，实现设计、工艺、制造协同。加快部品部件生产数字化、智能化升级，推广应用数字化技术、系统集成技术、智能化装备和建筑机器人，实现少人甚至无人工厂。加快人机智能交互、智能物流管理、增材制造等技术和智能装备的应用。以钢筋制作安装、模具安拆、混凝土浇筑、钢构件下料焊接、隔墙板和集成厨卫加工等工厂生产关键工艺环节为重点，推进工艺流程数字化和建筑机器人应用。以企业资源计划（ERP）平台为基础，进一步推动向生产管理子系统的延伸，实现工厂生产的信息化管理。推动在材料配送、钢筋加工、喷涂、铺贴地砖、安装隔墙板、高空焊接等现场施工环节，加强建筑机器人和智能控制造楼机等一体化施工设备的应用。

3. 推行普及绿色建造

以提供人类宜居的绿色建筑产品为目标，实行工程建设项目全生命周期内的绿色建造，以节约资源、保护环境为核心，通过智能建造与建筑工业化协同发展，提高资源利用效率，减少建筑垃圾的产生，大幅降低能耗、物耗和水耗水平。加大绿色建材的应用，推动建立建筑业绿色供应链，推行循环生产方式，提高建筑垃圾的综合利用水平。加大先进节能环保技术、工艺和装备的研发力度，提高能效水平，加快淘汰落后装备设备和技术，促进建筑业绿色改造升级，实现碳中和碳达峰阶段目标。

5.2.4 加快培育建筑产业工人队伍

建筑产业工人是我国产业工人的重要组成部分，是建筑业发展的基础，为经济发展、城镇化建设作出重大贡献。要以夯实建筑产业基础能力为根本，以构建社会化专业化分工协作的建筑工人队伍为目标，建立健全符合新时代建筑工人队伍建设要求的体制机制，为建筑业持续健康发展和推进新型城镇化提供更有力的人才支撑。

1. 推动建筑劳务企业转型发展

（1）引导现有劳务企业转型发展。改革建筑施工劳务资质，鼓励有一定组织、管理能力的劳务企业引进人才、设备等向总承包和专业承包企业转型。

（2）大力发展专业作业企业。鼓励和引导现有劳务班组或有一定技能和经验的建筑工人成立以作业为主的企业，引导小微型劳务企业向专业作业企业转型发展，进一步做专做精。鼓励有条件的地区建立建筑工人服务园，为符合条件的专业作业企业落实创业相关扶持政策，提供创业服务。

2. 加强建筑产业工人组织化建设

（1）鼓励建设建筑工人培育基地。引导和支持大型建筑企业与建筑工人输出地区建立合作关系，建设新时代建筑工人培育基地，建立以建筑工人培育基地为依托的相对稳定的建筑工人队伍。创新培育基地服务模式，为专业作业企业提供配套服务，为建筑工人谋划职业发展路径。

（2）加快自有建筑工人队伍建设。引导建筑企业加强对装配式建筑、机器人建造等新型建造方式和建造科技的探索和应用，通过技术升级推动建筑工人从传统建造方式向新型建造方式转变。鼓励建筑企业通过培育自有建筑工人、吸纳高技能技术工人和职业院校毕业生等方式，建立相对稳定的核心技术工人队伍。鼓励有条件的企业建立首席技师制度、劳模和工匠人才创新工作室、技能大师工作室和高技能人才库，切实加强技能人才队伍建设。

3. 切实保障建筑产业工人权益

（1）维护建筑工人基本权益。贯彻落实《保障农民工工资支付条例》，用人单位应与招用的建筑工人依法签订劳动合同，用人单位应依法为建筑工人缴纳社会保险，健全保障薪酬支付的长效机制。改善建筑工人劳动条件和生活环境，依法保障职业安全和健康权益。

（2）完善职业技能培训体系。完善建筑工人技能培训组织实施体系，制定建筑工人职业技能标准和评价规范。强化企业技能培训主体作用，大力推行现代学徒制和企业新型学徒制。加强建筑工人岗前培训和技能提升培训。加大对装配式建筑、建筑信息模型等新兴职业建筑工人培养，增加高技能人才供给。引导建筑企业将薪酬与建筑工人技能等级挂钩，完善激励措施。

5.3　面向行业组织推动创新和引领发展的建议

行业协会组织要在"提供服务、反映诉求、行为自律"的基础上，更加突出新时代"推动创新、引领发展"的协会宗旨，进一步发挥桥梁纽带和行业站位作用。

5.3.1　加大贯彻落实五大发展理念的力度

2015 年 10 月 29 日，习近平总书记在党的十八届五中全会第二次全体会议上的讲话鲜明提出了创新、协调、绿色、开放、共享的发展理念。新发展理念对顺应时代要求、破解发展难题、增强发展动力、厚植发展优势、指导建筑业高质量发展具有重大指导意义。

1. 创新发展维度

建筑业高质量发展创新维度的内涵应是以提高建筑业效率为目的，以建筑业人员为核心的高质量发展。因此应通过创新实现建筑业的效率发展和从业人员的全面发展，从而达到建筑业的结构升级与产业转型，实现建筑业创新维度的高质量发展。创新是企业发展和行业进步的直接生产力。建筑业技术创新、管理创新和经营创新是企业发展的动力体现。我们既要重视科技创新，也要重视人文创新，没有新就没有发展，新是企业健康运行的动力所在。建筑企业在新的发展阶段应当加强创新教育和创新激励，充分挖掘创新潜力，培育创新成果，展示创新实力。把新技术、新工艺、新方法、新思维、新理念、新模式科学开发，合理运用，促进企业潜在模式的深层次变革，极大地提升企业发展的动力，强化自身的核心竞争力。

2. 协调发展维度

建筑业高质量发展协调维度的内涵应以产业协调为基础，地区协调共同发展的高质量。我国建筑业地区发展不均衡，产业结构不均衡，企业资源配置不均衡现象很严重。协调发展能改善不均衡情况，地区协调发展将促进产业协调、实现建筑业高质量发展。产业的协调对建筑业高质量协调发展具有调节资源配置、稳定市场秩序等作用。产业协调能够满足我国社会主义初级阶段的经济制度：以公有制经济为主体，多种所有制共同发展。对于建筑业来说，产业协调能够稳定建筑企业中国有成分和集体成分处于国民经济的主导力量。国有成分和集体成分处于主导力量能够促使建筑结构的调整，实现建筑产业的均衡与经济发展相协调，相互促进、共同发展，逐步实现建筑业高质量发展。

3. 绿色发展维度

建筑业作为一项资源消耗量大、环境污染严重，但在国民经济中位于支柱性地位的产业，更应将"绿色"发展体现在高质量发展中。减少建筑环境的污染能够促进建筑行业的可持续发展，为建筑业高质量发展添砖加瓦。绿色建筑高质量发展需要建筑产品使用低耗能和低污染的建筑材料，采用装配式建筑，降低碳排放量，改善建筑业生态效率，促使建筑业实现资源节约型、环境友好型行业发展，增强建筑业的绿色竞争力。

4. 开放发展维度

建筑业高质量发展开放维度的内涵应将"引进来"与"出去"相结合，把握国内开放与国外开放齐头并进原则的发展。利用各方资源使得建筑业结构进一步转型升级，实现建筑业带动经济稳定高质量发展，特别是"一带一路"倡议的提出，为我国建筑业"走出去"提供了重大战略机遇。

5. 共享发展维度

我国建筑业共享维度下的高质量发展内涵是以人民共享为核心，实现社会共享的发展。利用建筑企业带来的红利，取之于民，用之于民，回馈社会，提供更多的就业机会，实现社会共享。提供更优质的建筑产品，使人民享有更好的居住条件。同时，共享维度下的高质量发展应坚持以人为本。以人民为中心是社会风尚的主流。建筑行业始终强调一切以人的利益为重，保障人身安全，改善工作条件，治理工作环境。

5.3.2　推动建筑企业开拓新型基础设施城和城市更新领域

新型基础设施建设是数字经济时代贯彻新发展理念，吸收新科技革命成果，实现国家生态化、数字化、智能化、高速化、新旧动能转换与经济结构对称态，建立现代化经济体系的国家基本建设与基础设施建设，包括绿色环保、防灾、公共卫生服务效能体系建设，5G、互联网、云计算、区块链、物联网基础设施建设，人工智能大数据中心基础设施建设，以大健康产业为中心的产业网基础设施建设，新型城镇化基础设施建设，高新技术产业孵化升级基础设施建设等，具有创新性、整体性、综合性、系统性、基础性、动态性的特征。建筑企业要以积极的姿态和创新的精神走向新型基础设施建设市场。

新型基础设施建设已经逐步成为社会热点，尤其是在 2020 年初在新冠肺炎疫情的影响下，新基建被视为是对冲备受疫情影响的经济、推动产业转型升级和发力数字经济的重要支撑手段，受到广泛的关注。比起传统基建，新基建的技术性、专业性以及市场不确定性相对较强，需要更加有效地发挥各方合力、集聚创新智慧，发挥好政府性投资的作用，引导和鼓励有意愿有实力的企业特别是民营企业参与进来，让新型基础设施领域投资形成可持续发展的良性模式。

新型基础设施建设要求多学科融合，尤其是与信息科学和数据分析相结合。因此"新基建"需要的新技术包括：BIM 正向设计、基于 BIM 的项目管理技术、装配式建筑技术、数字孪生技术、集成管理技术、IPD 集成项目交付技术和基于投资管控的全咨技术等。"新基建"助力建筑行业信息化转型升级，实现节能减排，降本增效迫在眉睫。落后的生产方式，粗放式的管理水平已经远远不能满足建筑业日益发展的需求。BIM 技术在规划、设计、施工、运维全产业链创新应用中起到了引领作用，进而推动了 BIM 技术、大数据、云计算、物联网、移动互联网等数字技术与中国建筑业的融合与创新发展。而 DIM 技术与装配式建筑的完美结合更是为建筑产业转型、创新发展新模式带来无限机遇。

城市更新既是转变城市开发建设方式，也是城市治理的重要内容。我国已迈入城镇化的中后期，城市发展进入城市更新的重要时期，由大规模增量建设转为存量提质改造和增量结构调整并重。城市更新的重点任务包括：建立完善城市体检评估体系，指导系统治理"城市病"；实施城市生态修复和功能完善工程，提升人居环境质量；强化历史文化保护，塑造城市风貌；加快建设安全健康、设施完善、管理有序的完整居住社区，加强城镇老旧小区改造等。

对建筑业企业而言，城市更新业务带来的机遇与挑战是并存的。在目前构建国际国内双循环经济格局大环境下，城市更新业务可以被视为是建筑市场的一片蓝海，也将会成为建筑企业一个具备较大空间的规模增长点。但是，未来城市更新会随着城市功能性变化，以及城市居民的实际需求不断发生转变。城市居民对于城市功能变化的需求会在影响到城市更新业务实施的开展方式以及实施细节。这就要求建筑企业在开展城市更新业务时要密切关注行业发展的动向与新趋势，培育业务能力，为未来更好地服务城市建设打下坚实的基础。

5.3.3 引领建筑企业投身"一带一路"国际工程建设

工程建设领域各类型行业协会组织要注重引领和推动建筑业企业积极投身"一带一路"国际市场的产业投资和工程建设。一是要牵头推动建筑业企业强强联合、优势互补，积极"出海"开拓国际市场；二是加强中外标准衔接，加大中国工程建设标准外文翻译和宣传推动力度；三是加快推进建设领域执业资格国际互认，培育一批有技术、会管理、敢担当、懂法律、高质量、高水平、高智商的国际人才。对建筑业企业来讲，就是要加强复合型管理人才的培养，对建筑类执业资格进行整合，优化资源规范化管理。

"一带一路"建设是建筑行业转型升级、拓宽市场的一个很好的有效途径。所以，建筑业企业应当抓好"一带一路"的市场契机。第一，中国技术走向"一带一路"，充分体现中国建筑业的高技术水平。2008 年奥运工程之后，中国建筑业的技术在大项目建设，尤其是特大项目建设，场馆、场站、路线等建设工作中，体现了超前引领。中国建筑业应当在"一带一路"中技术实力展现给国际市场，也通过我们的技术实力赢得国际市场。第二，应当把中国建筑标准体系引入"一带一路"项目建设中，体现中国建造的标准体系与"一带一路"沿线国家基本建设体系的融合。从市场竞争层面上，要体现中国建造标准体系的国际引领。第三，更好地利用"一带一路"沿线国家的有效资源，为建筑业走向国际市场提供有力保障。

5.3.4　规范建筑企业市场竞争和技术竞争

建筑业企业在招标投标竞争中，由于价格竞争空间相对狭小，所以把企业的经营竞争策略转向低消耗、高管理。强化企业管理和项目管理工作，着力在资源消耗和管理费用降低上体现优势，尤其在以综合单价为计价模式的费用构成中，管理费用是企业报价的弹性基础。

随着建筑业生产方式的改进和提高，尤其是推行总承包和全过程工程咨询市场运作模式以后，逐渐引导企业技术竞争延伸。施工承包模式的突出矛盾在于招标投标是在施工图设计完成之后进行。企业投标和项目实施必须严格符合既定的施工图设计，从而导致工艺、方法和技术竞争完全固化于施工图设计之中。企业真正的新工艺、新技术、新专利和优势知识产权无法体现在投标竞争和项目实施工作中。然而目前市场的格局已很明显，一流的技术和理念往往掌握在具体的实施主体，因此把施工图设计等核心技术环节纳入企业竞争之中，以初步设计（或方案设计）招标的总承包运作模式是建筑业项目管理新阶段的典型体现。

5.3.5　加速建筑业企业数字化变革

信息技术是继工业革命浪潮后，当今社会先进生产力的代表。建筑企业只有切实推进数字化变革，才能够真正提升和改造传统产业的生产方式，发展先进生产力。我国建筑业科技水平的提高更大程度上在于建立良好的技术推广体制，而不仅是技术研发本身。信息化作为现代化管理的有效平台，是建筑业企业价值创新的基石，它与人本化、协同化、黏性化已成为当前企业转型升级，提升项目管理水平的新命题，是实现建筑业可持续发展和提高企业独特核心竞争力的制度和技术保障。建筑业企业数字化变革包括两个层面：

1. 企业管理信息化

企业管理已历经了数据管理→信息管理→知识管理的发展历程，其中，数据是企业最原始资源，信息是有用资源，而知识是有价值资源。在强调知识管理的今天，信息化是企业知识管理的根本途径。运用信息技术和网络化进行企业扁平化、现代化管理，建立远程动态监控体系，以实现建筑企业法人零距离管理项目的目标。

2. 工程项目管理信息化

建筑企业的发展是以工程项目为载体的。在项目建设过程中，从项目前期决策到规划设计，再到项目实施及竣工试运行分为四个阶段。特别是项目的进度、成本、质量、安全、环保、合同等方面的信息浩如烟海，难免处于失控状态。针对这些问题，目前，国内外许多建筑企业都应用了各种不同的项目管理软件，特别是特级企业基本上都建立信息系统。这样不仅增强了企业和项目管理的可控性，还通过信息采集提高了多数项目建设参与者沟通的效率，取得了很好的管理效益。

5.3.6　促进建筑业企业的产学研结合

鼓励企业与高等学校、科研院所建立技术研发中心，以问题为导向开展技术创新与开发。建立以企业为主体、市场为导向、产学研相结合的技术创新体系。充分发挥科研单位的工艺研发优势，高等院校的多学科综合研究优势，勘察设计企业的工程化能力优势和建筑施工企业的深化设计优势，建立和完善以高校和科研单位为主体的基础研究开发系统，以建筑施工企业和勘察设计企业为主体的建筑技术推广应用系统，以相关教育、培训、咨询机构为主体的中介服务系统，以政府主管部门和行业协会为主体的支持协调系统，形成以市场为纽带，以法律规范、经济杠杆和政策引导为主要调控手段，企业、高校、科研机构、咨询、中介服务紧密结合的建筑技术创新体系。

按照市场经济的原则，建立以专利、专有技术权属保护和有偿转让为动力的技术创新激励机制，促进建筑技术资源的合理优化配置。采取切实措施，引导企业加强技术创新、发展自己的专有技术和工法。要依法保护勘察、设计、施工企业的专有技术、计算机软件、设计方案、勘察设计成果等知识产权。推进建筑技术市场取向的改革，以工程项目为平台，培育技术咨询和中介服务市场，推动技术创新和科技成果转化。

鼓励建筑企业加大对绿色材料和 BIM、装配式建筑等新技术的研发与应用。政府可根据绿色新材料与新技术在项目建设中的应用广度及深度评选创新应用示范企业，划拨一定的研发补贴和资金奖励，推进建筑业绿色创新发展建设。同时，加强绿色建设管理工作，充分体现绿色建造思想。既要考虑到绿色规划、绿色设计和绿色施工，同时也要考虑到绿色运维。尤其加大工艺环节的绿色化，加强过程管理的绿色化，加强环境治理的绿色化等相关工作。

5.4　面向建筑业企业提高核心竞争力的建议

5.4.1　强化建筑企业科技支撑竞争力

1. 培育科技创新基地

组建企业技术创新中心、重点实验室等创新基地，与高等院校、科研院所等联合建立建筑产业技术创新联盟。

培育科技创新基地，一方面，从政府的层面，在国内典型地区，尤其建筑业比较发达的省份，建设重点实验室、创新中心，实训以及人才的培训中心。另一方面，在相关大专院校设立科技研发机构，充分利用高校资源加大研发力度。同时，鼓励学校与企业共同联合创建国家级创新中心和国家级重点实验室，创建国家级产业孵化基地和成果孵化中心。鼓励有条件的企业设置创新创业研究机构，开发相关的软件，改进技术方法，研发新材料、新机械、新工艺，提升企业的核心竞争力。

2. 加大科技研发力度

大力支持技术、管理平台软件的研发，加大工艺、材料、结构、器具、设备、设施等方面的联合攻关，加快绿色建造、高效管理、智能管控等方面的技术研发，加强建造技术创新产品研发。在建造机器人等自动化方面寻求突破。国家可根据科技创新投入实现税费减免政策。

无论是从行业政府的角度，还是从企业的角度都应加大科研支持力度和科研开发力度。从住房和城乡建设部的层面和各地住房和城乡建设管理部门应当牵头，组织技术研发项目的立项、项目研发过程管理以及成果的验收和推广工作。另外，从企业的层面加大奖励力度，对有能力的员工或者组织在技术研发、生产改造方面提供政策支持和帮助。积极推动技术研发和技术成果在企业和建筑业市场的重要引领。

5.4.2 加快建筑企业创新成果转化

建立企业科技成果数据库，创新科技成果激励机制，促进科技成果转化应用，推动建筑领域新技术、新材料、新产品、新工艺创新发展。

在项目建设中，一方面，要抓好已有创新成果的应用和转化工作。把项目成果运用到项目的具体过程中。在项目管理工作中，要形成一种激励机制和运行监督机制，确保成果的有效利用，确保成果应用的实际效果。另外一方面，在项目建设过程中要不断地综合、归纳和形成科技成果，以便于更好地提升项目运作层次和水平。同样也应形成奖励和鼓励机制，应当在项目管理目标责任书中就项目运行过程中要形成的成果、知识产权形成指标要求，甚至上升到合同管理文件或内部制度体系，促进成果的形成和有效的转化。

5.4.3 引导建筑企业加大科技创新投入

建筑业与其他行业相比，技术进步缓慢，科技贡献对行业的贡献率偏低。在新的形势下，企业应提高科技创新投入，寻求技术突破点。

提高科技创新投入，提升技术创新贡献率，是国家发展战略方针中对各行各业提出的基本要求。第一，建筑业应当以建筑产品为主导，就其产品形成过程中体现我们的创新贡献。如在建筑材料方面改进材料性能，降低资源消耗，节约自然资源，体现材料的功能匹配和应用过程中的使用效率。第二，充分改进工艺，体现新的工法，创新工艺环节，体现优化的工艺为节约资源、提高效率、确保安全、提升质量提供基本性保障。第三，加强建筑施工现场的设备改造和设备创新工作，体现设备工艺改造、设备更新、设备能力提升以及设备功能改进等方面的升级。优化建筑设备的生产组合，提高设备运行效率，避免低层次的能源消耗。

5.5　结束语

"十四五"时期，中国建筑业将进入以高质量发展驱动建筑产业现代化的新发展阶段，如何在新发展理念引领下构建新发展格局是一个全新的课题。

我们要坚持系统观念，遵循经济社会发展规律，把新发展理念贯穿发展全过程和各领域，努力提高以新发展理念引领高质量发展的能力和水平，加快构建新发展格局。构建新发展格局涉及我国经济发展的供需格局、内需格局、分配格局、生产格局、技术格局、开放格局，还涉及空间格局、城乡格局、区域格局等的调整和优化，关系国家是否能到 2035 年实现人均国内生产总值达到中等发达国家水平，所以它是事关全局的系统性、深层次的变革。

建筑业企业要以践行"创新、协调、绿色、开放、共享"新发展理念为抓手，构建全方位高质量再发展的新格局。要创新思路、创新方法解决难题；推进工程总承包和全过程咨询，以投资带动发展方式转变，实现协调发展；持续践行"绿色建造、智慧建造、精益建造、人文建造"的新时代建造理念，升级建造模式；要以开放的心态，整合全球优质资源与利益相关方实现互利共赢。

实现建筑产业现代化是中国建筑业在新的历史发展时期的首要任务。新型工业化、信息化、城镇化和农业现代化为建筑业的持续健康发展提供了更为广阔的上升空间，在实现中华民族伟大复兴的历史进程中，建筑业承担着极其重要的经济建设任务和实现高质量发展的历史使命。在"十四五"期间，建筑行业要认真贯彻落实党的十九届五中全会精神，准确把握新发展阶段，深入贯彻新发展理念，加快构建新发展格局，凝聚共识，团结一致，奋力拼搏，推动"十四五"高质量发展战略目标的实现。

参考文献

［1］习近平．中国制造 中国创造 中国建造 继续改变中国面貌［EB/OL］．2019-01-02/2021-01-15. http：//www.xinhuanet.com/video/2019-01/02/c_1210028823.htm

［2］吴涛，陈立军，尤完．中国建设工程项目管理的创新发展趋势［J］．项目管理评论，2017（4）：40-42.

［3］肖绪文，尤完．中国绿色建造的发展路径与趋势研究［J］．建筑经济，2016（2）：5-8.

［4］叶浩文．新型建筑工业化的思考与对策［J］．工程管理学报，2016，30（2）：1-6.

［5］尤完，卢彬彬．基于"互联网＋"环境的建筑业商业模式创新类型研究［J］．北京建筑大学学报，2016，32（3）：150-154.

［6］尤完．3D打印建造技术的原理与展望［J］．建筑技术，2015.12：1081-1083

［7］尤完．绿色建造过程中资源循环利用的影响因素及对策［J］．建筑经济，2017（3）：99-104.

［8］赵金煜，尤完．基于BIM技术的工程项目精益建造管理［J］．项目管理技术，2015（4）：65-70.

［9］尤完．我国装配式建筑产业发展水平研究［J］．建筑经济.2021，8.

［10］YOU WAN. Key Factors Affecting BIM Application in Construction Enterprises Based on SNA. Analysis on The Relationship of Main Stakeholders in Prefabricated Building Projects. Conference Proceedings of The 9th International Symposium on Project Management. (EI) 2021.7

［11］卢彬彬，郭中华．中国建筑业高质量发展研究——现状、问题与未来［M］．北京：中国建筑工业出版社，2021.

［12］尤完，赵金煜，郭中华．现代工程项目风险管理［M］．北京：中国建筑工业出版社，2021.

［13］毛志兵．建筑工程新型建造方式［M］．北京：中国建筑工业出版社，2018.

［14］吴涛.建筑产业现代化背景下新型建造方式与项目管理创新研究［M］.北京：中国建筑工业出版社，2018.

［15］吴涛.PPP模式与建筑企业转型升级研究［M］.北京：中国建筑工业出版社，2017.

［16］吴涛."一带一路"与建筑业"走出去"战略研究［M］.北京：中国建筑工业出版社，2016.

［17］尤完.建设工程项目精益建造理论与应用研究［M］.北京：中国建筑工业出版社，2018.

［18］尤完.建筑业企业商业模式与创新解构［M］.北京：中国建筑工业出版社，2016.

［19］国家统计局.建筑行业开拓创新"中国建造"成就显著——党的十八大以来经济社会发展成就系列，2017.

［20］中国建筑业协会.2020年建筑业发展统计分析，2020.

［21］吴涛.总结弘扬"鲁布革"经验深化创新工程项目管理［J］.山西建筑业，2013.

［22］吴涛.提升和创新项目生产力理论［J］.工程管理学报，2010.

［23］吴涛.加强行业文化建设 大力弘扬工匠精神［J］.山西建筑业，2016.

［24］吴涛.认真学习贯彻国办文件精神开创建筑业持续健康发展新局面［J］.山西建筑业，2017.

［25］吴涛.全面深化改革 创新驱动发展 稳妥务实推进和实现建筑产业现代化.中国建筑金属结构，2014.

［26］贾宏俊.面向装配式建筑的EPC工程总承包模式改进研究［J］.工程管理学报，2018.

［27］贾宏俊.基于AHP-多级可拓模型的绿色建筑全生命周期风险评价［J］.项目管理技术，2019.

［28］吴涛.项目管理实践探索与企业内部配套改革［M］.北京：中国建筑工业出版社，2013.

［29］吴涛.项目管理应用研究与项目经理职业化建设［M］.北京：中国建筑工业出版社，2013.

［30］吴涛.项目管理创新发展与建筑业转变发展方式［M］.北京：中国建筑工业出版社，2013.

［31］贾宏俊等.建设工程暂估价计价风险与争议研究［J］.建筑经济.2019，40（4）69-72.

［32］丛培经，贾宏俊等.工程项目管理（第五版）［M］.北京：高等教育出版社，2017.

［33］孙永福等.铁路工程项目技术创新动力机制研究［J］.铁道学报.2012，34（4）.

［34］孙永福等.绿色铁路工程的内涵探析与研究展望［J］.铁道科学与工程学报.

2021，18（1）.

［35］尤完，肖绪文. 中国绿色建造发展路径与趋势研究［J］. 建筑经济，2016.

［36］肖绪文. 以绿色建造引领和推动建筑业高质量发展［J］. 建筑，2021.

［37］肖绪文. 中国建筑产业高质量发展［J］. 施工企业管理，2020.

［38］肖绪文. 关于绿色建造与碳达峰、碳中和的思考［J］. 施工技术，2021.

［39］姚兵. 疫情和新基建对建筑业未来发展的思考与启示［J］. 建筑，2020.

［40］祝成.“新基建”在城市给水排水工程规划设计中的应用探索［J］. 中国建设信息化，2021.

［41］张俊伟. 牢牢把握“新发展阶段，新发展理念，新发展格局”的内涵［J］. 中国发展观察，2020.

［42］王俊. 落实“新发展”理念，推动中国经济高质量发展［J］. 工程建设标准化，2018.

［43］李成柱. 浅析建筑工程项目施工安全与质量管理研究［J］. 科技资讯，2014.

［44］王烨，王宇涵. 建筑工程项目管理创新模式与应用分析［J］. 中小企业管理与科技，2019.

［45］马晓燕. 工程项目进度优化管理研究［J］. 经济，2016.

［46］陈丽州等. 基于 BIM 的工程项目精益建造管理［J］. 建筑与装饰，2020.

［47］张树懿. 建设工程招标投标过程中合谋行为博弈分析与治理研究［D］. 山东科技大学，2019.

［48］孟尚臻. 基于模糊层次分析法的代建项目治理水平评价［D］. 山东科技大学，2019.

［49］丁园园. 我国建筑市场竞争机制研究［D］. 山东科技大学，2011.

［50］袁鹤桐. 行业转型背景下工程总承包企业能力影响因素及机理研究［D］. 山东建筑大学，2021.

［51］总承包之声. 工程总承包政策精要［M］. 北京：中国水利水电出版社，2020.

［52］吴敏等. 总承包模式下轨道交通建设项目造价管理与风险防范［M］. 北京：中国建筑工业出版社，2021.

［53］丁士昭. 工程项目管理［M］. 北京：高等教育出版社，2017.

［54］丁荣贵. 项目治理：实现可控的创新（第 2 版）［M］. 北京：中国电力出版社，2017.

［55］芦斌. 工程总承包项目管理能力提升策略研究［D］. 河北工业大学，2019.

［56］（美）项目管理协会. 项目管理知识体系指南（PMBOK 指南）（第六版）［M］. 北京：电子工业出版社，2018.

［57］中国优选法统筹法与经济数学研究会项目管理研究委员会. 中国现代项目管理发展报告（2016）［M］. 北京：中国电力出版社，2017.

［58］何继善．工程管理论［M］．北京：中国建筑工业出版社，2016.

［59］王研．我国建筑业高质量发展时空特征以及影响因素研究［D］．安徽建筑大学，
2020.

［60］花蕊．中国建筑业高质量发展评价及影响因素研究［D］．安徽建筑大学，2021.

［61］张万秋．中国建筑业产业结构现状分析及调整对策研究［D］．哈尔滨工业大学，
2011.